U0159159

弦理论，终极宇宙理论？

弦方程，宇宙方程，万能理论的数学表达！

弦理论的创始人之一，畅销科普书作家、理论物理学家加来道雄教授为我们权威解读"弦理论""弦方程"。包含"M-理论"的"弦方程"或为"宇宙方程"的最终形式，这项革命性的突破极可能将爱因斯坦的毕生梦想"万能理论"变为现实。

宇宙方程将所有自然力融合到一个美丽、宏伟的方程式，以解开科学中最深奥的谜团：大爆炸之前发生了什么？黑洞的另一边是什么？还有其他的宇宙和维度吗？时间旅行可能吗？我们为什么在这里？

"弦理论""弦方程"统一万能理论，诺贝尔物理学奖获得者分列两派展开了激烈论战，这是继爱因斯坦与玻尔的量子论战后的最激烈论战——反对者认为弦理论暂不能实验证伪；支持者认为终极方程（宇宙方程）将揭示宇宙之谜，间接证据、真理的数学表达将改变我们对宇宙的理解。

我们的宇宙只是宇宙方程的众多有效解之一，是诸多平行宇宙之一，是一个特殊的不断膨胀着的宇宙，可使智慧生命得以存活。其他气泡宇宙由于自然时间尺度是普朗克时间，只在短暂的时间存在。

我们的宇宙最初起源于量子涨落，可能是十维的，但我们的原子太大（平滑空间）而无法进入那些尺寸更小的高维（起伏空间）。我们的宇宙似乎是封闭的，也许终会毁灭。我们的后代也许能用正能量打开虫洞，负能量稳定通道，掌握普朗克能量，带我们穿越时空，逃逸至超空间。

科学可以这样看丛书

THE GOD EQUATION
宇宙方程

对万能理论的探索

〔美〕加来道雄（Michio Kaku） 著

伍义生　陈允明　译

宇宙方程,弦理论的数学表达
弦理论,万能理论的最终表达
对称、简单、美丽,统一相对论与量子理论

重庆出版集团　重庆出版社

图书在版编目(CIP)数据

宇宙方程 / (美)加来道雄著；伍义生，陈允明译. —重庆：
重庆出版社，2022.8

(科学可以这样看丛书/冯建华主编)

书名原文：THE GOD EQUATION

ISBN 978-7-229-17038-7

Ⅰ.①宇… Ⅱ.①加… ②伍… ③陈… Ⅲ.①物理学
—普及读物 Ⅳ.①O4-49

中国版本图书馆CIP数据核字(2022)第133284号

宇宙方程

YUZHOU FANGCHENG

〔美〕加来道雄(Michio Kaku) 著

伍义生　陈允明 译

责任编辑：连　果
审　　校：冯建华
责任校对：李小君
封面设计：博引传媒 · 何华成

重庆出版集团
重庆出版社　出版

重庆市南岸区南滨路162号1幢　邮政编码：400061　http://www.cqph.com
重庆出版社艺术设计有限公司制版
重庆市国丰印务有限责任公司印刷
重庆出版集团图书发行有限公司发行
全国新华书店经销

开本：710mm×1000mm　1/16　印张：9　字数：130千
2022年10月第1版　2022年10月第1次印刷
ISBN 978-7-229-17038-7
定价：49.80元

如有印装质量问题，请向本集团图书发行有限公司调换：023-61520678

Advance Praise for *THE GOD EQUATION*
《宇宙方程》一书的发行评语

这是一本由大师级科学家撰写的优秀作品……加来道雄揭开了弦理论深奥的数学和物理学的神秘面纱。在这本精彩的小书里，他用清晰、简单的术语解释宏大的统一理论，解释令人眼花缭乱的宇宙方程。加来道雄，一个完美的讲故事者，他提供了一个引人入胜的、不加修饰的叙述……他的著作展示了理论物理领域的前沿思想。

——《华尔街日报》(*The Wall Street Journal*)

加来道雄用简洁明了的语言讲述科学……他讲了一个清晰且引人入胜的艰难探索科学奥秘的故事。

——《史密森尼杂志》(*Smithsonian Magazine*)

权威且通俗易懂。

——《自然》(*Nature*)

加来道雄回顾了宇宙的结构，强调了知识巨人以及对万能理论作持续探索的科学家的贡献……加来道雄研究了这个诱人的理论，概述了它的前景、问题，以及它呈现出的惊人的、不可思议的可能性。加来道雄的新作捕捉了宇宙、地球和人类的神秘之美，吸引任何思考这一切的人。

——《书单》(*Booklist*)

引人入胜……加来道雄擅长将令人费解的概念变得通俗易懂，让人大开眼界。

——《出版商周刊》（*Publisher's Weekly*）

这是专家寻找"物理学圣杯"的描述……有启发性……一项重要的工作。

——《科克斯书评》（*Kirkus Reviews*）

加来道雄的其他著作

《平行宇宙》

《超空间》

《超弦论》

《人类的未来》

《心灵的未来》

《物理学的未来》

《不可能的物理学》

《爱因斯坦的宇宙》

献给

亲爱的妻子静枝和女儿
加来·米歇尔博士、加来·艾莉森博士

目录

万能理论

这将是最终的理论，一个单一的框架将把宇宙所有的力统一起来，从宇宙的膨胀运动到亚原子粒子最微小的跃迁。面临的挑战是，写出一个数学上的优雅的涵盖整个物理学的方程。

世界上一些杰出的物理学家开始了这一探索。斯蒂芬·霍金甚至作了一个演讲，其乐观的题目为《理论物理的终点在望了吗?》。

如果这样的理论成功了，那将是科学的最高成就，它将是物理学的圣杯。原则上，人们可以从一个单一的公式推导出所有其他方程，从大爆炸开始到宇宙的尽头。自古人提出"世界是由什么组成?"以来，它将成为两千年科学研究的最终成果。

这是一幅激动人心的图景。

爱因斯坦的梦想

第一次遇到这个挑战是在我 8 岁那年。一天，报纸宣布一位伟大的科学家刚刚去世，报纸上的一张照片令我难忘。

那是他桌子的照片，桌面上有一个翻开的笔记本。报纸标题告诉我们，这个时代最伟大的科学家无法完成他已经开启的工作。我被迷住了。什么问题会如此困难，以至于伟大的爱因斯坦也不能解决?

笔记本记录了他未能完成的万能理论，爱因斯坦称其为统一场论。他渴望一个方程，也许不超过一英寸（约 2.54 厘米）长，用他的话说，可以让他"读懂上帝的心意"。

我没有充分认识到这个问题的艰巨性，决定跟随这位伟人的脚步，希望在完成他的追求中发挥一点作用。

其他许多人尝试过，都失败了[1]。正如普林斯顿物理学家弗里曼·戴森（Freeman Dyson）曾说的，"通往统一场论的道路上满是失败者的尸体。"

然而，今天，许多领先的物理学家相信，我们终于找到了解答。

在我看来，靠前的候选理论是弦理论。弦理论假设宇宙并非由点粒子组成，而是由微小的振动弦组成，每个音符对应一个亚原子粒子。

如果我们拥有一台足够强大的显微镜，能看到电子、夸克、中微子……它们不过是类似橡皮筋的微小环上的振动。如果我们以不同的方式拉动橡皮筋足够多次，最终能创造出宇宙中所有已知的亚原子粒子。这意味着，所有的物理定律都可以归结为这些弦的和声。化学是人们可以演奏的旋律，宇宙是交响乐，爱因斯坦曾雄辩地探讨过的上帝的心意则是在整个时空中产生共鸣的宇宙音乐。

这不仅是一个学术问题。每当科学家发现一种新的力，它都改变了文明的进程，改变了人类的命运。例如，牛顿对运动和重力定律的发现为机器时代和工业革命奠定了基础。迈克尔·法拉第和詹姆斯·克拉克·麦克斯韦对电和磁的解释为我们城市的照明铺平了道路，并给了我们强大的电动机和发电机，以及无线电的即时通信（如电视）。爱因斯坦的质能方程 $E=mc^2$ 解释了恒星的动力，并帮助解放了核力。当埃尔温·薛定谔、沃纳·海森堡和其他人揭开量子理论的秘密时，引发了我们今天的高科技革命，带来了超级计算机、激光、互联网和所有在我们客厅里的神奇小玩意儿。

今天，所有现代技术的奇迹都应归功于逐渐发现世界基本力的科学家。现在，人们正试图将这四种自然力——重力、电磁力、强核力、弱核力——统一成一种理论。最终，它也许能回答所有科学中最深奥的谜团和问题，例如：

大爆炸之前发生了什么？当初为什么会爆炸？

黑洞的另一边是什么？

时间旅行可能吗？

有虫洞通往其他宇宙吗？

是否存在更高维度？

是否存在平行宇宙？

……

本书即寻找这个万能理论的探索，以及所有的奇怪的曲折和变化。这些曲折和变化毫无疑问是物理学史上最奇怪的章节之一。我们将回顾所有以前的革命（从牛顿革命到对电磁力的掌握，从相对论和量子理论的发展到今天的弦理论），这些革命带给了我们技术上的奇迹。这里，我将解释弦理论的奥秘。

方宇程宙 批评者大军

然而，挑战依然存在；尽管弦理论令人兴奋，但批评家们一直热衷于指出它的缺陷。在一片喧闹和狂热之后，真正的进展仍停滞不前。

最突出的问题是，尽管奉承的媒体赞美这个理论的美丽和复杂，但我们尚未找到可靠的、可检验的证据。人们曾经希望位于瑞士日内瓦郊外的大型强子对撞机（LHC，历史上最大的粒子加速器）能找到最终理论的具体证据，但结果仍然没有实现。大型强子对撞机能够找到希格斯玻色子（或上帝粒子），但这个粒子只是万能理论中很小的一部分。

尽管有人提出了雄心勃勃的建议，希望大型强子对撞机能有一个更强力的后继者，但没人能保证这些昂贵的机器能找到他们所需的东西。没有人确切知道，在什么能量下，我们可以发现新的亚原子粒子以验证这个理论。

对弦理论最重要的批评是，它预测了多元宇宙。爱因斯坦曾经说过，关键问题是：上帝在创造宇宙时有选择吗？宇宙是唯一的吗？弦理论本身是唯一的，但它的解可能是无穷的。物理学家称其为景观问题——事实上，我们的宇宙也许只是众多有效解之一。如果我们的宇宙是众多可能性之一，那么，哪一个宇宙是我们的？为什么我们生活在这个特定的宇宙而不是另一个宇宙？那么，弦理论的预测能力是什么？它是无所不能的万能理论，还是预测任何事物的理论？

我承认在这个探索中有我一份。1968年，我就开始了弦理论的研究，因为它是偶然出现的，不请自来，完全出乎意料。我看到了这一理论的显著演变，从一个单一的公式发展为一门其研究论文能装满整个图书馆的学科。今天，弦理论成为了世界领先实验室正进行着的许多研究的基础。希望本书能就弦理论的突破和局限性给你一个平衡的、客观的分析。

为什么这一探索引起了世界众多科学家的关注，为什么这一理论激发了如此多的热情和争议，本书将带你寻找答案！

1 统一——古老的梦想

当人们凝视夜空的辉煌壮丽，被天空中灿烂的星星包围时，很容易被它纯粹的、令人窒息的威严淹没。而我们的关注转向了一些更神秘的问题：

> 宇宙有没有宏大的设计？
>
> 我们如何理解一个看似毫无意义的宇宙？
>
> 我们的存在是有韵律和有道理的，还是毫无意义？

我想起了斯蒂芬·克莱恩（Stephen Crane）的诗：

> 一个人对宇宙说："先生，我存在！"
>
> "然而，"宇宙说，"你的存在并没有让我产生责任和义务感。"

希腊人是第一批认真尝试整理我们周围混乱世界的人。像亚里士多德那样的哲学家认为，一切都可以归结为四种基本成分的混合物：土地、空气、火、水。但是，这四种基本成分是如何产生世界上的丰富多彩和复杂性的呢？

希腊人对这个问题至少给出了两个答案。第一个是哲学家德谟克利特（Democritus）提出的，甚至在亚里士多德之前。他认为一切都可以被简化为微小的、看不见的、不可摧毁的粒子，他称之为原子（希腊语意为"不可分割"）。然而，批评者指出，原子太小而无法观察，人们

5

不能获得原子的直接证据。尔后，德谟克利特指出了令人信服的间接证据。

例如，想象一枚存放了多年时间的金戒指，戒指由于磨损，一些东西丢失了。每天，戒指上都有一些微小的物质脱落。因此，虽然原子是看不见的，但它们的存在可以间接测量。

即使今天，大多数的先进科学也得益于间接测量，太阳的组成、DNA的结构、宇宙的年龄都是通过间接测量得出。即使我们从未登上过恒星，从未进入过DNA分子，更未目睹过宇宙大爆炸，但我们仍然知道这一切。当我们尝试证明统一场论时，直接证据和间接证据之间的区别将变得至关重要。

第二个答案由伟大的数学家毕达哥拉斯首创。

毕达哥拉斯具有将数学描述应用于音乐等世俗现象的洞察力。据说，他注意到拨弦的声音和敲击金属棒发出的共鸣之间的相似处。他发现它们产生了以一定比率振动的音乐频率。因此，像音乐这样令人愉悦的事物起源于共振的数学。他认为，这可能表明，我们看到的周围物体的多样性必须遵守同样的数学规则。

因此，我们的世界至少有两个伟大的观点来自古希腊：其一，万物是由看不见的、不可摧毁的原子组成；其二，自然界的多样性可以用振动的数学来描述。

不幸的是，随着古典文明的衰落，关于这些观点的讨论和争论的资料没有留存下来。可能存在一个解释宇宙的观点这个概念被遗忘了近一千年。黑暗笼罩着西方世界，科学探究在很大程度上被迷信、魔法和巫术取代。

方宇程宙 文艺复兴时期的重生

17世纪，一些伟大的科学家奋起挑战既定的秩序，研究宇宙的本质，但他们也面临了强烈的反对和迫害。约翰尼斯·开普勒是第一个将数学应用于行星运动的人，他是鲁道夫二世皇帝的帝国顾问，他在科学工作中并未遭遇迫害。

曾经做过僧侣的乔尔丹诺·布鲁诺（Giordano Bruno）就没那么幸运了。1600年，他因异端学说被审判并被判处死刑。他被塞住嘴，在罗马街头裸体游行，最后被烧死在火刑柱上。他的主要罪行是：宣称在环绕其他恒星的行星上可能存在生命。

伟大的伽利略，实验科学之父，几乎遭遇了同样的命运。但与布鲁诺不同的是，伽利略在死亡威胁面前撤回了自己的理论。尽管如此，他用他的望远镜留下了永久的遗产，这也许是所有科学中最具革命性的发明。用望远镜，你可以亲眼看到月球上坑坑洼洼的表面；金星的相位与其环绕太阳的轨道一致；木星有卫星。当时，所有这些都是异端思想。

可悲的是，他被软禁在家，与来访者隔绝，最终失明（据说，这是由于他曾用望远镜直视太阳），伽利略因绝望与心碎而亡。就在他去世的那年，一个婴儿在英国出生，他将完成伽利略和开普勒未完成的理论，给我们一个统一的天空理论。

宇宙方程 牛顿的力理论

艾萨克·牛顿也许是有史以来最伟大的科学家之一。在一个痴迷于巫术和妖术的世界，他敢于写下天空的普遍规律，并应用他发明的新数学来研究力，称为微积分。正如物理学家史蒂芬·温伯格（Steven Weinberg）所写，"艾萨克·牛顿开启了万能理论的现代梦想。"在当时，它被认为是万能理论，即描述所有运动的理论。

这一切都始于他23岁那年，剑桥大学因黑死病而关闭。1666年的一天，牛顿在自己的乡间庄园散步，看到一个苹果掉了下来。然后，他问了自己一个问题，从而改变了人类历史的进程。

如果苹果会掉下来，那么，月亮也会掉下来吗？

在牛顿之前，教会说有两种法则：第一种是在地球上发现的法则，它们受凡人的罪恶腐蚀；第二种是纯粹的、完美的、和谐的天空法则。

牛顿思想的本质是提出一个涵盖天地的统一理论。

在笔记本上，他画了一幅有决定性意义的图画（见图1）。

图1　从山顶发射炮弹。如果一发炮弹从山顶发射，它在落地前会飞出一段距离。如果你以越来越快的速度发射炮弹，它在返回地球之前会飞得越来越远，直到完全环绕地球一圈并回到山顶。他得出结论，支配苹果和炮弹的自然法则（重力）应该同样支配着围绕地球运动的月球。

地球上的物理学和天空中的物理学是一样的。

他实现这一点的方法是引入力的概念。物体移动是因为它们被普遍存在的力拉动或推动，这些力可以精确地用数学方法测量。（很早以前，一些逻辑学家认为，物体是因为欲望而运动，所以物体坠落是因为它渴望与地球结合。）

于是，牛顿引入了统一的关键概念。

但牛顿是一个非常注重隐私的人，他的大部分工作都是保密的。也因为朋友不多、不善交流，牛顿经常沉浸在与其他科学家关于他的发现的优先权的激烈争论之中。

1682年，发生了一件轰动的事件，改变了历史的进程，一颗炽热的彗星掠过伦敦上空。从国王、王后到乞丐，每个人都为这个消息兴奋不已。它从哪里来？它将去哪里？它预示了什么？

对这颗彗星感兴趣的人群中有一个是天文学家奥迈尔·埃德蒙多·哈雷。他去剑桥拜见了艾萨克·牛顿，那时牛顿的光理论已经很有名了。（牛顿让阳光透过玻璃棱镜，显示白光分离成彩虹的所有颜色，证明了白光具有复合颜色。他还发明了一种新型望远镜，使用反射镜而不是透镜。）当哈雷向牛顿询问大家都在谈论的彗星时，他深受震惊。牛顿说自己可以证明彗星绕太阳作椭圆运动，还能用自己的引力理论预测其轨迹。事实上，牛顿用他发明的望远镜在跟踪这颗彗星，这颗彗星的移动就像他预测的那样。

哈雷惊呆了，他立即意识到自己见证了科学的一个里程碑，并愿意支付费用（自掏腰包）以印刷这个最终成为所有科学中最伟大杰作之一的《自然哲学的数学原理》（简称《原理》）。

同时，哈雷意识到，牛顿能预测彗星会定期返回，计算出1682年的彗星将在1758年返回。事实上，这个预测是准确的，哈雷彗星于1758年圣诞节从欧洲上空飞过，确立了牛顿和哈雷的声誉。

牛顿的运动和引力理论是人类思想的最伟大的成就之一，是统一已知运动定律的单一原则。亚历山大·蒲柏（Alexander Pope）写道：

> 大自然和大自然的法则隐藏在夜晚：
> 上帝说，让牛顿去发现吧！
> 于是光明来临。

今天，牛顿定律引导太空探测器穿越太阳系。

方程宇宙 什么是对称？

牛顿万有引力定律引人注目，还因为它具有对称性——如果我们旋转它，方程保持不变。想象一个围绕地球运动的球体，重力在轨道上的每一点都是相同的。事实上，这就是为什么地球是球形而非其他形状，因为重力均匀地压缩地球。这就是为什么我们从未见过立方形恒星或金字塔形行星。此外，小行星通常形状不规则，因为小行星的引力太小，无法均匀压缩。

对称的概念简单、优雅、直观。此外，在这本书里，我们将看到，对称可不是什么微不足道的性质。事实上，它是一个基本且重要的特征，表明了一些关于宇宙的深层的、潜在的物理原理。

不过，当我们说一个方程是对称的时，应如何理解呢？

如果在你重新排列一个物体的各个部分后，它保持不变，物体就是对称的。例如，球体是对称的，因为它在旋转后保持不变。但如何用数学方法表达呢？

想象地球绕着太阳旋转（见图2）。地球轨道的半径由 R 给出，当地球在其轨道上运动时，半径保持不变（实际上，地球的轨道是椭圆形，所以 R 略有变化，但这对本例并不重要）。地球轨道的坐标由 X 和 Y 给出，当地球在其轨道上运动时，X 和 Y 不断变化，而 R 不变，即半径不变化。

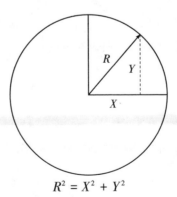

$$R^2 = X^2 + Y^2$$

图2　圆的对称性。如果地球围绕太阳旋转，它的半径 R 保持不变。地球的坐标 X 和 Y 随着它的轨道不断变化，但 R 是一个不变量。通过勾股定理，我们知道 $X^2+Y^2=R^2$。所以牛顿方程在用 R（因为 R 是不变量）或 X 和 Y（通过勾股定理）表示时是对称的。

所以牛顿的方程保持了这种对称性 [1]，即地球绕太阳运动时，地球与太阳之间的引力保持不变。当我们的参照系改变时，定律保持不变。无论我们以什么样的角度来看待问题，规则都是不变的，结果也是一样的。

在讨论统一场论时，我们将会重复遇到对称的概念。事实上，我们会看到，对称性是我们统一所有自然力的最有力的工具之一。

方程宇宙　牛顿定律的证实

几个世纪以来，牛顿定律得到了无数的证实，它对科学和社会产生了巨大的影响。在19世纪，天文学家注意到天空中有一种奇怪的异常现象，天王星偏离了牛顿定律的预测。它的轨道不是一个完美的椭圆，而是有点摇晃。要么是牛顿定律有缺陷，要么是有一颗未知的行星的引力拽着天王星偏离了轨道。当时，学界对牛顿定律的信心十足，以至于像奥本·勒·威耶（Urbain Le Verrier）那样的数学家也不厌其烦地计算着这颗神秘星球的位置。1846年，在第一次尝试中，天文学家发现了这颗行星，距离预测的位置不到1度，这颗新行星被称为海王星。这是牛顿定律的一个杰作，也是历史上第一次运用纯数学探测主要天体的存在。

正如我们前面提到的，每次科学家破译宇宙四大基本力之一，它不仅揭示了自然的秘密，也产生了社会本身的革命。牛顿定律不仅解开了行星和彗星的秘密，还奠定了力学定律的基础，使今天的我们可以用力学定律设计摩天大楼、发动机、喷气式飞机、火车、桥梁、潜艇、火箭。在19世纪，物理学家应用牛顿定律解释热的本质。当时，许多人推测，热量是通过物质传播的某种形式的液体。但进一步的研究表明，热量源于分子的运动，类似微小的钢球不断相互碰撞。牛顿定律让我们能够精确计算两个钢球是如何相互反弹的。然后，通过将数万亿个分子相加，人们可以计算出热量的精确性质。（例如，腔室中的气体在被加热时，它会根据牛顿定律发生膨胀，因为热量增加了腔室内分子的运动速度。）

工程师可以利用这些计算来完善蒸汽机。他们可以计算出将水转化为蒸汽需要多少煤，用蒸汽推动齿轮、活塞、轮子和杠杆以驱动机器。随着19世纪蒸汽机的出现，工人可以使用的能量猛增到几千匹马力。突然间，钢轨连接了世界上遥远的地方，极大地增加了货物、知识和人员的流动。

在工业革命之前，商品是由微小的、排他性的熟练工匠协会制造的，连最简单的家庭用品也要辛苦地手工生产。他们还小心翼翼地保守着手工艺品的秘密。因此，商品往往稀缺而昂贵。随着蒸汽机和强大机器的出现，各种商品如潮水般涌来，大大降低了成本，也使国民的财富成倍增长，我们的生活水平也得到了飞速提高。

当我把牛顿定律教给有前途的工科学生时，我试图强调这些定律不仅是枯燥乏味的方程，它们还改变了现代文明的进程，创造了我们周围看到的财富和繁荣。有时，我甚至会让学生看纪录片，例如，发生于1940年华盛顿州塔科马海峡大桥的灾难性坍塌事故，这就是人们误用牛顿定律的一个惊人的例子。

牛顿定律建立在把天空中的物理和地球上的物理统一起来的基础上，从而迎来了第一次技术革命。

电和磁的奥秘

下一次重大突破等待了200年，它来自于对电和磁的研究。

古人知道磁性可以被驯服，如中国人发明的指南针利用了磁力，从而开启了一个发现的时代。但古人害怕电的力量，视闪电为上帝所表达出的愤怒。

最终为这一领域奠定基础的人是迈克尔·法拉第，一个贫穷但勤奋的年轻人，缺乏任何正规教育。年轻时，他曾设法在伦敦的皇家科学院找到了一份助理工作。通常，像他这样社会地位不高的人会永远干些扫地、洗瓶子的幕后工作。但法拉第勤奋、努力，对一切都充满好奇，以至于他的主管允许他做实验。

法拉第在电和磁方面做出了许多杰出的贡献。他用实验演示，如果将一块磁铁放入一个电线线圈，电线中会产生电。这是一个惊人而重要的发现，因为那时的人们完全不知道电和磁之间的关系。同时，人们也可以实验出相反的情况，移动的电场可以产生磁场。

法拉第逐渐意识到，这两个现象是同一枚硬币的两面。这一简单的观察将有助于开启电力时代——在这个时代，巨型水电站大坝所发出的电将照亮我们的城市。在水电站大坝中，河流推动携带磁铁的轮子旋转，旋转的磁铁推动电线中的电子运动，电线将电力输送到你家里的插座。相反的效应，把电场变成磁场，就是吸尘器工作的原理。来自墙壁插座的电流导致磁铁旋转，从而驱动吸尘器中的泵产生吸力，并导致真空吸尘器的滚轮旋转。

由于法拉第未受过正规教育，他未能用数学知识描述自己的惊人发现。他在笔记本上画满了奇怪的图表来显示磁力线，看起来就像铁屑围绕磁铁时形成的线网。他还发明了场的概念，这是所有物理学中最重要的概念之一。一个场由这些遍布整个空间的力线组成。每一个磁铁周围都有磁力线环绕，地球的磁场从北极发出，通过空间传播，然后返回南极。甚至，牛顿的引力理论也可以用场来表示，地球围绕太阳的运动源于它在太阳的引力场中运动。

法拉第的发现有助于解释地球周围磁场的起源。由于地球自转，地球内部的电荷也随之自转，这种地球内部的不断运动是产生磁场的原因。但这也留下了一个谜：条形磁铁内部无任何运动或旋转的东西，它的磁场来自哪里？我们稍后将回到这个谜。今天，宇宙中所有已知的力都是用法拉第最先引入的场的语言来表达的。

鉴于法拉第对开创电气时代的巨大贡献，物理学家欧内斯特·卢瑟福（Ernest Rutherford）宣称他是"有史以来最伟大的科学发现者"。

法拉第是一个不寻常的人，至少在他那个时代如此，因为他喜欢用自己的发现来吸引公众甚至孩子。他以自己的圣诞讲座而闻名。在那里，他会邀请人们去伦敦的皇家科学院见证令人眼花缭乱的电子魔法表演。他会进入一个墙壁被金属箔覆盖的大房间（法拉第笼），然后给它通电。虽然金属箔明显带电，但他绝对安全，因为电场遍布整个房间的墙壁表面，而房间内部的电场却保持为零。如今，这种效应通常用于保护微波炉和精密设备免受杂散电场的影响，或者保护经常被闪电击中的喷气式飞机。（我曾经主持过一个科学频道的节目，我进入了波士顿科学博物馆的法拉第笼。高达2兆伏特的巨大电流冲击着笼子，礼堂里充满了巨大的爆裂声，但我什么也没感觉到。）

麦克斯韦方程

牛顿表明，物体移动是因为它们受到力的拉动或推动，这可以用微积分来描述。法拉第表明，电子移动是因为它受到磁场的拉动或推动。但是，对场的研究需要一个新的数学分支，这个分支最终被剑桥数学家詹姆斯·克拉克·麦克斯韦发展成形，叫做矢量微积分。如同开普勒和伽利略奠定了牛顿物理学的基础一样，法拉第为麦克斯韦方程铺平了道路。

麦克斯韦是数学大师，但他却在物理学上取得了惊人的突破。他意识到法拉第和其他人发现的电和磁的行为可以用精确的数学语言来概括。一个定律指出，移动的磁场可以产生电场；另一个定律正好相反，移动的电场可以产生磁场。

然后，麦克斯韦开始思考，如果一个变化的电场产生一个磁场，然后产生另一个电场，再产生另一个磁场……会如何？他敏锐地发现，这种快速往复运动的最终产物将是一个运动的波，电场和磁场不断相互转化。这个无穷序列的转化创造出一个振动电场和磁场的移动波。

利用矢量演算，他计算出了这个运动波的速度为每秒310 740公里，他震惊得难以置信。在实验误差范围内，这个速度非常接近光速。然后，他大胆地迈出了下一步，声称这就是光！光是电磁波！

麦克斯韦预言性地写道，"我们几乎无法避免这样的推论，即光的本质是引起电和磁现象的同一介质的横向波动。"

今天，每个学物理的学生和电气工程师都必须记住麦克斯韦方程，因为它们是电视、激光器、发电机原理的基础。

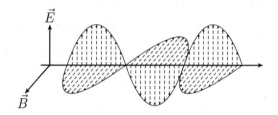

图3　电场和磁场的互相转化。电场和磁场是同一个硬币的两面，震荡的电场和磁场互相转化，并像波一样移动。光是电磁波的一种表现。

法拉第和麦克斯韦统一了电和磁，统一的关键是对称。麦克斯韦方程包含称为对偶性的对称性。如果光束内的电场用 E 表示，磁场用 B 表示，当我们切换 E 和 B 时，电和磁的方程保持不变。这种二元性意味着电和磁是同一个力的两种表现（见图3）。所以 E 和 B 的对称性让我们统一了电和磁，从而创造了19世纪最伟大的突破之一。

物理学家被这个发现迷住了。柏林奖将颁给任何能在实验室里真正创造出这些麦克斯韦波的人。1886年，物理学家海因里希·赫兹进行了历史性的测试。

首先，赫兹在自己实验室的一个角落里制造了电火花。几英尺外，他放置了一圈电线。赫兹表明，通过开启火花，他可以在线圈中产生电流，从而证明一种新的神秘的波从一个地方无线传播到了另一个地方。这预示着一种被称为无线电的新名词的出现。1894年，伽利尔摩·马可尼（Guglielmo Marconi）向公众介绍了这种新的通讯方式。他展示了无线电信息以光速穿越大西洋的情景。

随着无线电的引入，我们现在有了一种超高速、方便、无线的远距离通信方式。从历史上看，缺乏快速可靠的通信系统是历史前进的巨大障碍之一。[公元前490年，在希腊人和波斯人的马拉松战役之后，一个可怜的跑者被命令尽可能快地传播希腊胜利的消息。他勇敢奔跑了26英里（约41.8公里）到达雅典，此前他还跑了147英里（约236.6公里）到达斯巴达。然后，根据传说，他由于极度疲劳而倒下死去。他在电信时代之前表现的英雄主义，现代以马拉松长跑的形式表达。]

今天，我们理所当然地认为，我们可以毫不费力地在全球范围内传递消息和信息，这是利用了能量能以多种方式转化这一事实。例如，当你用手机说话时，声音的能量在振动膜中转化为机械能。该隔膜附着在磁铁上，磁铁依靠电和磁的互换性产生电脉冲，这种电脉冲可以由计算机传输并读取。这种电脉冲最后将被转化成电磁波，由附近的微波塔接收。在那里，信息被放大并发送到全球各地。

麦克斯韦方程不仅让我们可以通过无线电、手机和光纤电缆实现即时通信，还打开了整个电磁光谱，可见光和无线电只是其中的两个成员。17世纪60年代，牛顿证明了白光通过棱镜时，可以被分解成彩虹的颜色。1800年，威廉·赫歇尔（William Herschel）问了自己一个简单的问题：在从红色到紫色的彩虹之外，还有什么？他用一个棱镜在实验室里创造了一个彩虹，并在红色的下面放置了一个温度计，那里没有颜色。令他惊讶的是，这个空白区域的温度开始上升。换句话说，红色下面有一种肉眼看不见但含有能量的"颜色"，被称为红外光。

今天，我们意识到存在一个完整的电磁辐射光谱，其中大部分是不可见的，每种辐射都有不同的波长（见图4）。例如，收音机和电视机的波长比可见光的波长长，彩虹颜色的波长比紫外线和X光的波长长。

这也意味着我们周围看到的现实只是整个电磁光谱中较小的一段，是更大的电磁色彩宇宙的较小近似。其实，我们的世界，存在一些动物比我们的可视范围更广。例如，蜜蜂可以看到我们看不见的紫外线，这对蜜蜂在阴天也能找到太阳至关重要。由于花朵进化出绚丽的颜色是为了吸引蜜蜂等昆虫为它们授粉，这意味着用紫外光观察时，花朵往往更加壮观。

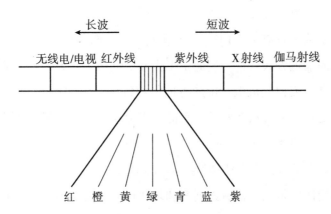

图4　电磁光谱。电磁光谱的大部分颜色，从无线电到伽马射线，是我们肉眼不可见的。我们的眼睛只能看到电磁光谱最小的一段，因为我们的天线只有细胞大小。

当我还是个孩子时，每次读到这里，总会提出一个问题——为什么人类只能看到电磁光谱的较小部分？我想，这是多大的浪费呀。现在的我意识到，答案是电磁波的波长大约为产生它的天线的大小。你的手机只有几英寸长，天线的尺寸也这么大，于是发出的电磁波的波长也大致如此。同样，你视网膜中一个细胞的大小大约近似于你能看到的颜色的波长。因此，我们只能看到波长与我们细胞尺寸近似的颜色。电磁光谱的所有其他颜色都是不可见的，因为它们的波长要么太长、要么太短，无法被我们的视网膜细胞检测。因此，如果我们眼睛的细胞有一间房子那么大，也许就能看到所有在我们周围旋转的无线电和微波辐射。

同样，如果我们眼睛的细胞只有原子那么大，我们也许能看到X光。

麦克斯韦方程的另一个应用是电磁能量为整个星球提供能量的方式。石油和煤炭必须通过船只和火车长途运输，但电能可以通过电线传输，只需轻触开关，就可以给整个城市输送电能。

这又导致了电气时代两大巨头托马斯·爱迪生和尼古拉·特斯拉之间的争论。爱迪生是一个天才，发明了许多电气设备，包括灯泡、电影、留声机、自动收报机和数百个其他奇迹。他也是第一个给街道装上电线的人，在曼哈顿市中心的珍珠街。

这开启了第二次技术革命——电气时代。

爱迪生认为直流电或DC（总是朝同一个方向移动，电压从不变化）将是最好的输电方式。曾为爱迪生工作并协助他为今天的电信网络奠定基础的特斯拉提倡交流电（电的方向大约每秒反转60次）。这导致了著名的电流之战，大公司在竞争对手的技术上投资数百万美元，通用电气支持爱迪生，西屋支持特斯拉。电气革命的未来取决于谁赢得这场冲突，是爱迪生的直流电，还是特斯拉的交流电。

虽然爱迪生是电的幕后策划者和现代世界的建筑师之一，但他并未完全理解麦克斯韦方程，这将是一个代价高昂的错误。事实上，他对擅长数学的科学家嗤之以鼻。（一个著名的故事，他经常请找工作的科学家给一个灯泡计算体积。当科学家试图用高等数学繁琐地计算灯泡的形状和体积时，他会露出微笑。之后，爱迪生将水倒入一个空灯泡中，再将空灯泡中的水倒入一个有刻度的烧杯。）

工程师们知道，如爱迪生指出的，绵延数英里长的电线如果只带有低电压，会损失掉大量的能量。所以，特斯拉的高压电线在经济上成为首选，但高压电缆太危险，不能引入你的客厅。诀窍是，从发电厂到你所在的城市使用高效的高压电缆，然后在高电压进入你的客厅之前以某种方式将其电压降低，关键在于变压器。

我们记得，麦克斯韦证明过，移动的磁场能产生电流，反之亦然。如此，你可以制造一个变压器，可以迅速改变电线的电压。例如，发电厂电缆的电压可能有几千伏特，但位于你房屋外面的变压器可以将电压降低到110伏特，这就能很容易地给你的微波炉和冰箱供电。

如果这些场是静态的且保持不变，它们就不能相互转化。因为交流电是不断变化的，所以能很容易地在磁场和电场间转化。这意味着交流电可以很容易地用变压器改变电压，但直流电不行（因为其电压是恒定的，而非交变）。

最终，爱迪生输掉了这场论战，也输掉了在这项技术上投入的大量资金，这就是忽略麦克斯韦方程的代价。

方宇程宙 科学的终结？

牛顿和麦克斯韦方程的结合，除了解释自然的奥秘和带来经济繁荣的新时代之外，还给了我们一个令人信服的万能理论。或者，至少是能解释当时所知的一切事物的理论。

到1900年，许多科学家宣称"科学终结"。因此，20世纪令人陶醉，所有可能被发现的东西都已经被发现，或者看起来是这样。

事实上，当时的物理学家并未意识到，科学的两大支柱其实互不相容，牛顿和麦克斯韦存在矛盾。

这两根大柱子中的一根必须倒下。一个16岁的男孩握着了这把钥匙，那个男孩恰好在麦克斯韦1879年去世的那年出生。

2 爱因斯坦对统一的追求

当爱因斯坦还是个十几岁的孩子时，他提出了一个或将改变20世纪进程的问题——你能超越光速吗？

几年后，他写道，这个简单的问题包含了他后来提出的相对论理论的关键。

早些时候，他读过亚伦·大卫·伯恩斯坦（Aaron David Bernstein）的《自然科学普及读物》。该书试图让读者想象在一根电报线旁边比赛的场景。相反，爱因斯坦设想了一种新场景，在一束看似冻结的光束旁边奔跑。他认为，与光束并驾齐驱，光波应该是静止的，就像牛顿预测的那样。

这种思考持续到爱因斯坦16岁，他意识到，以前没有人见过冻结的光束。有些东西不见了，他会在接下来的10年思考这个问题。

不幸的是，当时的许多人认为他是个失败者。虽然他是一个杰出的学生，但他的教授们讨厌他随心所欲、放荡不羁的生活方式。因为他在学会了大部分的课程内容后经常逃课。教授如实地写了推荐信，使他在申请工作时屡屡遭拒。由于失业，他接受了担任家庭教师的工作（因与雇主争吵又常被解雇），也曾考虑过卖保险以养活妻儿。由于失业，他认为自己成了家庭的负担。在一封信中，他沮丧地写道："我是亲戚们的负担……如果没有我，他们也许会更好。"

最终，他在伯尔尼的专利局找到了一份三等职员的工作。这是件很丢脸的事情，但实际上是塞翁失马焉知非福。在安静的专利局里，爱因斯坦可以回到困扰他童年时的老问题。从那时起，他将发起一场革命，颠覆整个物理学和现实世界。

作为瑞士著名的理工学院的学生，爱因斯坦遇到了麦克斯韦方程组。他问自己，如果你以光速旅行，麦克斯韦方程会发生什么呢？值得注意的是，以前从来没有人提出过这个问题。利用麦克斯韦理论，爱因斯坦计算了光束在运动物体（如火车）中的速度。他预计，从静止的外部观察者的角度来看，光束的速度是它通常的速度加上火车的速度。根据牛顿力学，速度可以直接相加。比如，你在乘坐火车时扔了一个棒球，静止的观察者会说，球的速度是火车的速度加上球相对于火车的速度。同样，速度也可以相减。所以，如果你和光束并驾齐驱，它看起来应该是静止的。

令他震惊的是，他发现光束不会冻结，而是以相同的速度离去。这令他感到困惑，因为根据牛顿的说法，如果你走得足够快，总能赶上任何东西，这是常识；而根据麦克斯韦方程，你永远追不上光，光总是以相同的速度运动，无论你走得多快。

对爱因斯坦来说，这是一个非常重要的问题。要么牛顿正确，要么麦克斯韦正确，总有一个是错误的。但你怎么可能永远追不上光？在专利局，他有足够的时间思考。1905年春天的一天，当他在伯尔尼坐火车时，突然想起了这件事。"一场风暴在我脑海中爆发"，他后来回忆时说。

他凭借卓越的洞察力发现，光速由时钟和标尺测量，且光速恒定；为了保持光速恒定，空间和时间必须被扭曲，无论你移动得多快！

这意味着，如果你在一艘快速移动的宇宙飞船上，船内的时钟一定慢于地球上的时钟。爱因斯坦的狭义相对论描述了这一现象——你移动速度越快，时间越慢。所以，时间问题取决于你的移动速度。如果宇宙飞船以接近光速的速度行进，地面上的我们使用望远镜观察它，飞船里的每个人似乎都在慢动作，船上的一切似乎都被压缩了。最后，飞船里的东西变得更重。令人惊讶的是，对宇宙飞船上的某个人来说，一切都显得正常。

爱因斯坦后来回忆道，"我最应该感谢的人是麦克斯韦"。今天，这个实验可以常规地进行。如果你把一个原子钟放在飞机上，和地球上的一个钟作比较，你可以看到飞机上的钟变慢了（慢了一万亿分之一的小因子）。

如果空间和时间可以变化，那么，你能测量的一切也必然能变化，包括物质和能量。物体移动得越快，会变得越重。不过，额外的质量来自哪儿？来自运动的能量，这意味着运动的一些能量会转化为质量。

物质和能量之间的精确关系为 $E=mc^2$。正如我们将要看到的，这个等式回答了所有科学中最深刻的问题之一：为什么太阳会发光？阳光普照是因为在高温下压缩氢原子时，一些氢的质量会转化为能量。

理解宇宙的关键是统一。对相对论来说，它是空间和时间的统一，物质和能量的统一。但这种统一是如何实现的呢？

对称与美

对诗人和艺术家来说，美是精神上的享受，能唤起无限的情感和激情。

对物理学家来说，美是对称。方程很美，因为它们有对称性。也就是说，如果你改变或重新排列其组成，方程保持不变。比如万花筒，它将各种颜色的形状随机混合在一起，用镜子复制出无数的图像，然后将这些图像对称地排列成一个圆圈。所以，混乱的东西能突然因为对称而变得有序和美丽。

同理，雪花是美丽的，如果我们将其旋转60度，它会保持不变。球体更加对称，你可以围绕它的中心任意旋转，球体保持不变。对物理学家来说，如果我们重新排列方程中的各种粒子和成分，发现结果没有变化，即各个部分都有对称性，方程就是美丽的。数学家G.H.哈代（G.H. Hardy）曾写道："一个数学家的图案，就像画家或诗人的图案一样，必

23

须是美丽的；色彩或者词语这样的创意必须以和谐的方式组合在一起。美是第一体验，丑陋的数学在世界上没有永久的位置。"这种美在于对称。

我们之前看到，如果你拿地球绕太阳运行的牛顿引力来说，地球轨道的半径是恒定的。坐标 X 和 Y 变化，R 不变，这也可以推广到三维。

想象你坐在地球表面，你的位置是三维给定的：X、Y、Z 是你的坐标。当你沿着地球表面旅行时，地球的半径保持不变，其中 $R^2=X^2+Y^2+Z^2$。这是勾股定理的三维版本[1]。

$Z=0$ 是一种特殊情况，此时的球体在 X 和 Y 平面上缩小成一个圆，和之前一样。我们看到，当你在这个圆上移动时，$X^2+Y^2=R^2$。现在，我们让 Z 的数值逐渐增加，在 R 不变的情况下圆会逐渐变小。R 保持不变，但是对于固定的 Z，小圆的方程变成 $X^2+Y^2+Z^2=R^2$。现在，如果让 Z 变化，球面上任何一点的坐标由 X、Y、Z 给出，于是三维毕达哥拉斯定理成立。总之，球面上的任一点都能用三维毕达哥拉斯定理描述，使 R 保持不变，但当你在球面上移动时，X、Y、Z 全都随之变化（见图5）。爱因斯坦伟大的洞察力是将这一点推广到了四维，以时间为第四个维度。

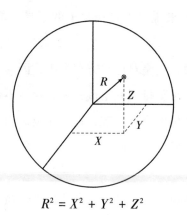

$$R^2 = X^2 + Y^2 + Z^2$$

图5　球对称。当你在地球表面漫步时，地球的半径 R 是个常数，一个
　　　不变量，尽管坐标 X、Y、Z 不断彼此变化。因此，三维毕达哥拉
　　　斯定理是对称的表达。

现在，我们看爱因斯坦的方程，将空间旋转到时间，时间旋转到空

间，方程保持不变。这意味着空间的三个维度现在与时间的维度 T 相结合，后者成为第四个维度。爱因斯坦证明了 $X^2+Y^2+Z^2-T^2$ 这个量（时间用某个单位表示）保持不变，这是勾股定理的四维修正版。（请注意，时间坐标还有一个负号。这意味着，尽管相对论在四维旋转下是不变的，但时间维度与其他三个空间维度的处理方式略有不同 [2]。）所以爱因斯坦的方程是四维对称的。

麦克斯韦方程最早写于1861年，也是美国内战开始的那一年。早些时候，我们注意到它们具有对称性，能将电场和磁场相互转化。但是，麦克斯韦方程还有一个额外的隐藏对称性。如果我们像爱因斯坦在20世纪20年代以前所做的那样，通过交换参数 X、Y、Z 和 T 来改变麦克斯韦方程的四个维度，方程仍然保持不变。这意味着，如果物理学家不过度认同牛顿物理学的伟大功绩，那么，相对论或许在美国南北战争期间就被提出来了！

方宇程宙 重力是弯曲的空间

尽管爱因斯坦证明了空间、时间、物质和能量都是一个更大的四维对称的一部分，但他的方程存在一个明显的漏洞：未提到重力和加速度。对此，爱因斯坦不满意。他想在推广他称之为狭义相对论的早期理论的基础上，将重力和加速运动囊括进去，创造一个更广义的相对论。

然而，他的同事，物理学家马克斯·普朗克却警告他，创建一个结合相对论和引力的理论非常困难。普朗克说："作为一个老朋友，我必须反对。因为首先，你不会成功；其次，即使成功了，也没人会相信。"但随后，普朗克又补充道："如果你成功了，你将被称为下一个'哥白尼'。"

对任何物理学家来说，牛顿的引力理论和爱因斯坦的理论存在显然的矛盾。如果太阳突然消失得无影无踪，根据爱因斯坦的算法，地球需要8分钟才能感觉到它的消失。牛顿著名的引力方程并未考虑到光速。因此，重力是瞬间传播的，违反了相对论，所以地球应该立即感受到失去太阳的影响。

从16岁到26岁，爱因斯坦对光的思考持续了十年。在接下来的十年里，他一直专注于引力理论，直至36岁。一天，当他在椅子上向后靠时差点摔倒，他突然想到了整个谜题的关键。瞬间，他意识到，如果他摔倒了，就会失重。然后，他意识到，这可能是引力理论的关键。他温柔地回忆道，"这是他一生中最幸福的想法"。

伽利略早在八百年前就意识到，如果你从建筑物上落下来，你会瞬间失重；但只有爱因斯坦意识到，如何利用这一事实去揭示重力的秘密。想象一下，在电梯里，如果线缆突然被切断，此时的你会直线下落，但电梯地板也会以同样的速度下落——电梯里的你开始飘浮，重力似乎消失了（至少在电梯落地之前）。在电梯里，重力被下落的电梯的加速度完全抵消了。这就是所谓的等效原理，即一个框架中的加速度与另一个框架中的重力是无法区分的。

在电视上，我们经常看到太空中的宇航员因失重而飘浮，那并不是由于重力在太空中消失了。在整个太阳系中，到处都充满着大量的引力，原因在于火箭下落的速度和宇航员下落的速度完全一致。就像牛顿想象中的从山顶发射的炮弹一样，宇航员与太空舱都围绕地球作自由落体运动。所以，在飞船内部，失重只是一种错觉，因为一切（包括你的身体和飞船本身）都在以相同的速度下降。

爱因斯坦随后将这个解释应用到了儿童的旋转木马上。根据相对论，你移动得越快，会变得越平，因为空间在压缩。当木马旋转时，它的外缘运动快于内部。这意味着，空间受到相对论的影响，边缘比内部收缩得更厉害，因为边缘的运动速度更快。但是，当木马旋转接近光速时，地板会变形。它不再只是一个扁平的圆盘，边缘收缩了，中心保持不变，因此其表面将像倒置的碗那样弯曲。

现在，想象一下，试着在旋转木马的弯曲地板上行走——你不能走直线。起初，你可能会认为，因为表面是扭曲或弯曲的，所以有一种无形的力量试图把你向外推开。因此，旋转木马上的人说，有一种离心力在推动一切。但是，对外面的人来说，根本没有外力，只有地板的曲率。

爱因斯坦把这些都放在一起，得出你落在旋转木马上的力量实际上是由旋转木马的扭曲造成的。你感受到的离心力相当于重力，也就是说，它是一个由于身处加速框架内而感觉到的虚拟的力。换句话说，一个框架中的加速度与另一个框架中由于空间弯曲而产生的重力效应相同。

现在，我们用太阳系代替旋转木马。地球绕着太阳转，所以地球上的人会产生一种错觉，认为太阳对地球施加了一种叫做引力的吸引力。但是，对太阳系以外的人来说，他们根本看不到任何力量；他们会观察到地球周围的空间是弯曲的，是这个空间推动着地球绕着太阳转。

爱因斯坦卓越的观察是，引力实际上是一种幻觉。物体移动不是因为它们被重力或离心力拉动，而是因为它们被周围空间的曲率推动。这一点值得强调：不是引力在拉，而是空间在推。

莎士比亚曾经说过，整个世界都是一个舞台，我们是进出这个舞台的演员。牛顿采用的描述，世界是静止的，我们在这个平面上运动，遵循牛顿定律。

但是，爱因斯坦抛弃了这种描述。他说，舞台是弯曲的。在这个舞台上，不能走直线。你不断被推动，因为你脚下的地板是弯曲的，你像醉汉一样东倒西歪。

引力是一种错觉。例如，你现在可能正坐在椅子上阅读本书。通常，你会说是重力拉着你坐在椅子上，这就是为什么你不会飞向空中。但是，爱因斯坦会说，你坐在椅子上是因为地球的质量扭曲了你头顶上的空间，这种扭曲将你推到了椅子上。

想象一下，把一个沉重的铅球放在一个大床垫上。铅球在床上下陷，导致床垫弯曲。如果你沿着床垫弹出一个弹珠，它会沿着曲线移动，事实上它会绕着铅球转圈。一个远处的观察者可能会说，有一种无形的力量拉着弹珠，迫使它绕轨道运行。但你从近处看，无形的力量并不存在。这个弹珠不沿直线移动，核心在于，床垫是弯曲的，最直接的路径是一个椭圆（见图6）。

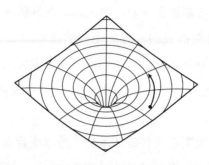

图6　弯曲的床垫。一个铅球放在床垫上，陷到床垫里。一个弹珠绕铅球转动。从远处看，似乎是铅球拽住弹珠，迫使它绕铅球转动。实际上，弹珠绕铅球转动是因为床垫弯曲了。同样，太阳的引力弯曲了来自远方的星星的光线，通过望远镜在日食期间可以测量这个弯曲。

现在，我们用地球代替弹珠，太阳代替铅球，时空代替床垫。然后，我们看到地球绕着太阳转，因为太阳扭曲了它周围的空间，地球行进的空间不是平的。

还有，想象蚂蚁在一张皱巴巴的纸上爬行。它们不能沿直线爬行。它们可能会觉得好像有一股力量在不断地拉扯自己。但是，对我们来说，俯视蚂蚁，我们看到并没有这样的一股力量。这就是爱因斯坦所说的广义相对论的图景：时空被重质量扭曲，造成了引力的错觉。

这意味着广义相对论比狭义相对论更强大、更对称，因为它描述的是影响着时空中一切的引力。从另一个角度来看，狭义相对论只适用于在空间和时间中沿直线匀速运动的物体。事实是，在我们的宇宙中，几乎一切都在加速，从赛车到直升机以及火箭，它们都处于加速状态。广义相对论适用于时空中每一点不断变化的加速度。

日食和重力

任何理论，无论多么美丽，最终必须经过实验验证。所以爱因斯坦抓住了几个可能的实验。首先是怪异的水星轨道。当计算它的轨道时，天文学家发现了一个微小的异常。它不像牛顿方程预测的那样，在一个完美的椭圆上运动，而是有点摇晃，形成了一个像花一样的图案。

为了维护牛顿定律的正确性，天文学家假设水星轨道内有一颗叫做火神的新行星。火神星的引力会拉扯水星，导致其运行的异常。早些时候，这个办法的确帮助天文学家发现了海王星，但这次，他们并未找到任何关于火神星的观测证据。

爱因斯坦使用他的引力理论重新计算水星的近日点（即最接近太阳的地点），其结果与牛顿定律略有偏差。后来，他欣喜地发现，观测结果与自己的计算完全吻合。他发现自己计算的轨道与完美椭圆的差异为每个世纪42.9角秒，与观测结果相差无几。他激动地回忆道："有几天，我兴奋极了，我最大胆的梦想实现了。"

他还意识到，根据他的理论，光应该被太阳偏转。

爱因斯坦意识到，太阳的引力足以弯曲恒星附近的星光。由于这些恒星只能在日食期间看到，爱因斯坦提议派遣一支探险队去见证1919年的日食，以检验他的理论。天文学家必须拍摄同一片夜空的两张照片，一张是太阳不在那里时的照片，另一张是太阳在那里但正经历日食的照片。通过这两张照片的比较，日食期间恒星的位置会因太阳引力而移动。他确信他的理论会被证明是正确的。当他被问及如果实验证明他的理论是错误的，他会怎么想时，他说上帝一定犯了一个错误。他在给同事的信中写道，"我确信自己是正确的，因为我的理论具有高超的数学美和对称性。"

当这个史诗般的实验最终由天文学家亚瑟·爱丁顿（Arthur Eddington）完成时，爱因斯坦的预测和实际结果有着惊人的一致性。今天，天文学家按部就班地使用由重力引起的星光弯曲。当星光经过一个遥远星系附近时，光线会弯曲，就像透镜弯曲光线那样。这些透镜被称为重力透镜或爱因斯坦透镜。

后来，爱因斯坦获得了1921年的诺贝尔奖。

很快，他成为了这个星球上最受崇拜的人物之一，甚至超过了大多数电影明星和政治家。（1933年，他和查理·卓别林一起出现在电影首映式上。当被索要签名的人团团围住时，爱因斯坦问卓别林："这一切意味着什么？"卓别林回答："没什么，绝对没什么。"然后他说："他们为我欢呼，因为每个人都理解我；他们为你欢呼，因为没有人理解你。"）

当然，一个能推翻维系250年的牛顿物理学的理论一定会遭到猛烈的批判。带头提出指控的怀疑论者之一是哥伦比亚大学的查理斯·林恩·普尔（Charles Lane Poor）。他读完了关于相对论的书后，愤怒地说："我觉得自己好像正在与爱丽丝漫游仙境，或者和疯子哈特一起喝茶。"

普朗克总是安慰爱因斯坦。他写道，"一个新的科学真理的获胜不是通过说服它的对手并让他们看到光明，而是因为对手最终会死去，熟悉它的新一代会成长。"

几十年来，相对论受到了许多挑战，但爱因斯坦的理论总能得到验证。事实上，正如我们将在后面章节中看到的，爱因斯坦的相对论重塑了整个物理学，改变了我们对宇宙、宇宙起源和演化的认知，改变了我们的生活方式。

确认爱因斯坦理论的一个简单方法是在你的手机上使用GPS系统。全球定位系统由31颗环绕地球运行的卫星组成。任何时候，你的手机都能接收到其中3颗卫星的信号，这3颗卫星的运动轨迹和角度略有差异。然后，手机里的计算机会对3颗卫星的数据作分析，并对你的位置进行三角测量。

全球定位系统如此精确，以至于它必须考虑狭义相对论和广义相对论的微小修正。

由于卫星以大约每小时 17 000 英里（约 27 359 公里）的速度移动，就狭义相对论来看，全球定位系统卫星上的时钟跳动稍慢于地球上的时钟。狭义相对论指出，速度越快，时间越慢，爱因斯坦超越光束的思想实验证明了这一现象。但是，由于引力越向外层空间移动越弱，时间实际上因广义相对论而加快了一些，因为广义相对论认为时空可以被引力扭曲——引力越弱，时间移动得越快。这意味着狭义相对论和广义相对论的修正方向相反，狭义相对论导致信号变慢，而广义相对论导致信号加快。事实上，你的手机正是考虑了差异的影响，才给了你确定的位置。没有狭义相对论和广义相对论的协同工作，你会迷失方向。

方字程宙 牛顿和爱因斯坦：两极对立

爱因斯坦被誉为下一个牛顿，但爱因斯坦和牛顿在性格上截然相反。牛顿是个孤僻的人，沉默寡言，他没有长期的朋友。

物理学家杰里米·伯恩斯坦（Jeremy Bernstein）曾经说过，"每个与爱因斯坦有过实质性接触的人都会带着一种压倒一切的崇高感离开。他反复描述爱因斯坦的一个词语是'博爱'，爱因斯坦的性格单纯、可爱。"

当然，牛顿和爱因斯坦也有一些共同的关键特征。其一是集中注意力的能力。当牛顿专注于一个问题时，他可能会几天忘记吃饭或睡觉。他会在谈话中突然停下来，在任何可以拿到的东西上乱涂乱画，有时是餐巾或墙上。同样，爱因斯坦可以将注意力集中在一个问题上长达几年甚至几十年。在研究广义相对论时，他几近崩溃。

其二是能将问题形象化的思维能力。尽管牛顿可以轻松地使用代数符号创作《原理》，但他却选用几何图形诠释这部杰作。使用抽象符号的微积分相对容易，但由三角形和正方形作推导只能由大师完成。同样，爱因斯坦的理论充满了火车、仪表和时钟的示意图。

宇宙方程 寻找统一的理论

　　最后，爱因斯坦创造了两大理论。第一个是狭义相对论，它控制着光束和时空的性质，也引入了基于四维旋转的对称性。第二个是广义相对论，重力被揭示为时空的弯曲。

　　在这两个不朽的成就之后，爱因斯坦试图向第三个理论发起冲击，一个更大的成就。他想找到一个理论，用一个方程统一宇宙的所有的力。他想用场论的语言来创建一个方程，可以将麦克斯韦的电磁理论与他自己的引力理论结合起来。他花了几十年时间寻求这个问题的统一，但失败了。（实际上，迈克尔·法拉第是第一个提出引力和电磁力统一的人。法拉第常去伦敦桥，丢下磁铁，希望找到一些可测量的重力对磁铁的影响，但他什么也没找到。）

　　爱因斯坦失败的一个原因是，20世纪20年代，我们对世界的理解存在一个巨大的漏洞。物理学家需要一种新理论——量子理论，才能意识到这个难题缺少了一个重要部分：核力。

　　尽管爱因斯坦是量子理论的创始人之一，但具有讽刺意味的是，他将成为量子理论最大的反对者。他对量子理论提出了一连串的批评。但几十年来，这一理论已经应对了所有的实验挑战，并给我们带来了大量应用于生活和工作场所的奇妙电器。然而，正如我们将会看到的，爱因斯坦对它的深刻而微妙的哲学上的反对，甚至在今天也值得人们深思。

3 量子的崛起

　　当爱因斯坦单枪匹马地创造了这个基于空间、时间、物质和能量的宏伟的新理论时，物理学的平行发展解开了一个古老的问题：物质是由什么组成的？这将导致下一个伟大的物理理论诞生，量子理论。

　　牛顿完成了他的引力理论后，进行了无数的炼金术实验，试图理解物质的本质。理论上来说，他的抑郁症发作源于他的水银实验。水银是一种已知的能引起神经症状的毒性物质。然而，人们对物质的基本性质知之甚少，从早期炼金术士的工作中也学不到什么，他们耗费了大量的时间和精力，试图将铅转化为黄金。

　　物质的秘密，或许要几个世纪才能慢慢揭示。到了19世纪，化学家开始发现并分离自然的基本元素——而这些元素不能分解成更简单的东西。虽然物理学的惊人进步是由数学开创的，但化学的突破主要来自于实验室里的乏味工作。

　　1869年，德米特里·门捷列夫做了一个梦，梦里自然的所有元素都落入一张表里。醒来后，他很快将已知的元素排列成一个规则的表格，发现元素有一个模式。从化学的混乱中突然出现了秩序和预测能力。大约六十种已知元素可以排列进这个简单的表格，但存在一些空隙，门捷列夫能够预测这些缺失元素的性质。当这些元素如预测的那样在实验室里被发现时，它奠定了门捷列夫的名声。

　　不过，元素为什么要排列成这样的有规则的模式？

　　下一个突破发生于1898年，玛丽·居里和皮埃尔·居里（Pierre Curie）分离出了一系列前所未见的不稳定元素。在没有任何电源的情况下，镭在实验室里发出明亮的光，违反了物理学的一个基本原则——能量守恒。这些镭射线的能量从何而来？显然，需要一个新的理论。

在那之前，化学家认为物质的基本成分——元素——是永恒的，像氢或氧这样的元素是永远稳定的。现在，化学家在他们的实验室里看到了像镭这样的元素正在衰变为其他元素，在这个过程中发出辐射。

这些不稳定元素衰减的速度也许可通过计算得出，但也许需要几千年甚至几十亿年的时间。居里夫妇的发现帮助解决了一场旷日持久的争论。地质学家对岩石形成的缓慢的速度感到震惊，通过岩石年龄的研究，他们意识到地球已存在了几十亿年的时间。维多利亚物理学巨人之一开尔文勋爵曾计算出熔化的地球在几百万年时间内会逐渐冷却下来。谁是正确的？

事实证明，地质学家是正确的。开尔文勋爵不明白一种新的自然力，即被居里夫妇称为核力的力，会增加地球的热量。由于放射性衰变可以在数十亿年内一直发生，这意味着地球的核心可能被铀、钍和其他放射性元素的衰变加热。故而，巨大的地震破坏力、雷鸣般的火山，以及缓慢且剧烈的大陆漂移皆源于核力。

1910年，欧内斯特·卢瑟福把一片发光的镭放在一个有小洞的铅盒里。一束微弱的射线从洞里射出，对准一片薄薄的金箔。他预计金原子会吸收辐射。但令他震惊的是，他发现镭的光束穿过了薄片，似乎金箔并不存在。

这是一个惊人的发现：这意味着原子主要由空白空间组成。我们有时会向学生演示这一点。我们把一块无害的铀放在他们手里，下面放一个可以检测辐射的盖革计数器。学生们听到盖革计数器"咔嗒、咔嗒"发出响声时会感到震惊，因为有东西穿透了他们的身体。

在20世纪初，原子的标准图像是葡萄干馅饼模型，也就是说，原子就像一个带正电荷的馅饼，里面撒着电子的葡萄干。渐渐地，一幅全新的原子图像开始出现。原子基本上是中空的，中心是微小且致密的原子核，周围有一群电子围绕着原子核。卢瑟福的实验帮助证明了这一点，因为他的放射性光束偶尔会被原子核中紧密堆积的粒子偏转。通过分析偏转的数量、频率和角度，他能够估计出原子核的大小，它是原子本身的一千分之一。

后来，物理学家确定了原子核是由更小的亚原子粒子组成：质子（带正电荷）和中子（不带电荷）。整个门捷列夫表似乎可用三种亚原子粒子来创建：电子、质子和中子。不过，这些粒子符合什么方程呢？

方宇程宙 量子革命

与此同时，一种新的理论诞生了，它可以解释所有这些神秘的发现。这个理论甚至引发了一场革命，挑战我们对宇宙的传统认知——量子力学。但是，量子到底是什么，它为何如此重要？

量子诞生于1900年。当时，德国物理学家马克斯·普朗克问了自己一个简单的问题：为什么物体在热的时候会发光？几千年前，当人类第一次利用火时，他们注意到热的物体会发出某种颜色的光。数百年来，制陶者已经知道，在物体达到数千摄氏度的过程中，它们的颜色会发生改变，从红色变成黄色，再变成蓝色。你自己点燃一根火柴或者蜡烛也能看到类似的现象。底部最热，火焰的颜色偏蓝；中间，火焰的颜色偏黄；顶部最冷，火焰的颜色偏红。

在物理学家试图将牛顿和麦克斯韦的工作应用于原子以计算这种效应（称为黑体辐射）时，他们发现了一个问题。（黑体是完美吸收所有落在其上的辐射的物体。之所以叫黑体，是因为黑色吸收所有的光。）根据牛顿的说法，原子越热，振动越快；根据麦克斯韦的说法，振动的电荷反过来可以以光的形式发出电磁辐射。但是，当他们计算热的、振动的原子发出的辐射时，结果出乎意料。在低频率下，该模型与数据非常吻合；在高频率下，光的能量最终会变成无穷大，这太可笑了。对物理学家来说，无穷大是方程失效的一个标志，但他们不明白发生了什么。

马克斯·普朗克随后提出了一个天真的假设。他假设能量以他称为量子的分离的能量包的形式出现，而不是像牛顿理论中那样是连续和光滑的。当他调整这些包的能量时，他发现自己可以精确地复制出热物体辐射的能量。物体越热，辐射频率越高，对应于光谱上的不同颜色。

这就是为什么随着温度的升高，火焰会从红色变成蓝色，这也能告诉我们，如何知道太阳的温度。当你第一次听说太阳表面的温度大约是5000摄氏度时，你可能会想：我们是怎么知道的呢？从来没有人带着温度计去过太阳。但是，我们知道太阳的温度可以由它发出的光的波长确定。

普朗克计算了这些光能包或量子的大小，并用一个小常数 h（普朗克常数，$6.6×10^{-34}$ 焦·秒）来度量它们。这个数字是普朗克通过手动调整这些包的能量找到的，直到它能完美拟合数据。

如果我们让普朗克常数逐渐变为零，那么量子理论的所有方程都能简化为牛顿的方程。这意味着经常违反常识的亚原子粒子的奇异行为，随着普朗克常数被手动设置为零，会逐渐还原为人们熟悉的牛顿运动定律。这也是我们在日常生活中很少看到量子效应的原因。在我们的感官上，世界看起来很牛顿，因为普朗克常数是一个很小的数，只在亚原子水平上影响宇宙。

我们将这些小的量子效应称为量子修正，物理学家通常会花费一生的时间去尝试计算它们。1905年，也就是爱因斯坦发现狭义相对论的那年，普朗克将量子理论应用于光，并表明光不仅是一种波，它还能像一包包能量或一种叫做光子的粒子一样工作。所以，光有两面性：一面是麦克斯韦预言的波，一面是普朗克和爱因斯坦预言的粒子或光子。于是，一幅新的画面出现了。光由光子组成，光子是量子或粒子，但每一个光子都会在它周围产生场（电场和磁场）。反过来，这些场的形状像波，服从麦克斯韦方程。所以，我们现在知道，粒子和它周围的场之间存在一种美丽的关系。

如果光既是粒子又是波，电子也有这种奇异的二重性吗？这是下一个合乎逻辑的想法，它将产生积极的效果，震撼现代物理世界和文明本身。

方宇程宙 **电子波**

令物理学家震惊的是，他们随后发现，一度被认为是坚硬的点状粒子的电子也可以像波一样运动。为了便于演示，拿两张平行的纸，将一张置于另一张后面。你在第一张纸上钻两个孔，然后向它发射电子束。你通常会期望在第二张纸上找到两个电子束击中的点（见图7）。电子束要么穿过第一个孔，要么穿过第二个孔，而不是两者同时穿过，这是常识。

但是，当实验真正完成时，第二张纸上的点的图案似乎排列在一条垂直线上，这是波相互干涉时发生的现象。（你洗澡时，同步在两个地方轻轻拍打水面，就能看到这种干涉图案的出现，像蜘蛛网一样。）

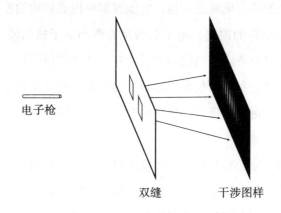

电子枪

双缝　　　干涉图样

图7　电子波干涉实验。电子通过两张纸的行为与波类似，它们在另一面互相干涉，就好像它们同时穿过了两个孔。这在牛顿物理中是不可能的，但却是量子力学的基础。

从某种意义上说，这意味着电子同时穿过了两个孔。这是一个悖论：一个点粒子（即电子），怎么能与自己互相干涉呢？好像它穿过了两个分开的孔一样。此外，对电子的其他实验表明，它们会在某处消失，又在其他地方重新出现，这在牛顿的世界中是不可能的。如果普朗克常数相当大，以人类的尺度影响事物，那么这个世界将是一个完全无法识别的、奇怪的地方。物体可能消失并重新出现在不同的位置，也可能同时出现在两个地方。

尽管量子理论看起来不太可能，但它逐渐取得了惊人的成功。1925年，奥地利物理学家欧文·薛定谔写下了他著名的方程，精确地描述了这些粒子波的运动。将他的方程应用于单个电子围绕一个质子运动的氢原子时，与实验结果非常一致。在薛定谔原子中发现的电子能级与实验结果完全一致。事实上，整个门捷列夫表在原则上可以解释为薛定谔方程的解。

方宇程宙 解释周期表

量子力学的惊人成就之一是，它能够解释构成物质的原子和分子的行为。根据薛定谔的说法，电子是围绕着微小原子核的波。在图8中，我们看到只有具有特定且离散的波长的粒子才能绕原子核传播，波长数为整数的波非常合身；波长数为非整数的粒子不能完全包裹在原子核周围——它们不稳定，不能形成稳定的原子，这意味着电子只能在分立的几个壳层上运动。

随着我们离原子核越远，这种基本模式就会重复出现；随着电子数量的增加，外环离中心越远。你移动得越远，电子就越多。这反过来解释了为什么门捷列夫表包含着规则的、分立的若干重复的层级，每一层级都模仿它下面一级的壳层的行为。

你在一边淋浴一边唱歌时会发现，这种效果很明显。只有某些离散的频率或波长从墙壁上反弹并被放大，其他不适合的频率会被抵消，类似于电子波围绕原子核的方式：只有某些离散的频率起作用。

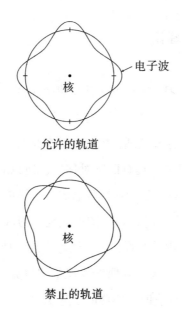

允许的轨道

禁止的轨道

图8 允许的轨道和禁止的轨道。只有某些波长的电子适合在原子内
部，即轨道必须是电子波长的整倍数。这迫使电子波在核的周围
形成离散的壳层。详细地分析电子如何适合这些壳层，有助于理
解门捷列夫周期表。

这一突破从根本上改变了物理学的进程。这一年，物理学家在描述
原子时被难住了。下一年，他们就可以利用薛定谔方程计算出原子内部
的性质。有时，我在给研究生讲授量子力学课程时，会试图让他们牢
记，在某种意义上，他们周围的一切都能用薛定谔方程的解来表达。我
会向学生强调，不仅可以用它解释原子，还可以解释原子如何结合形成
分子，从而形成构成我们整个宇宙的化学物质。

然而，不管薛定谔方程有多强大，它仍然存在一个局限性。它只适
用于低速情况，也就是说，它是非相对论的。薛定谔方程没有提到光
速、狭义相对论，以及电子如何通过麦克斯韦方程与光相互作用。它也
缺乏爱因斯坦理论的美丽对称性，而且相当丑陋，难以用数学处理。

宇宙方程 狄拉克的电子理论

后来，22岁的物理学家保罗·狄拉克决定通过融合空间和时间来写一个服从爱因斯坦的狭义相对论的波动方程。薛定谔方程的一个缺点是：它将空间和时间分开处理，因此计算繁琐且耗时。但是，狄拉克的理论将两者结合了起来，具有四维对称性，所以它美丽、紧凑、优雅。原来薛定谔方程中所有丑陋的项都收缩成一个简单的四维方程。

（我记得自己读高中时，曾试图彻底地学习薛定谔方程，挣扎于其中那些丑陋的术语。我思考着，大自然怎会故意地创造出如此笨拙的波动方程呢？后来，有一天，我偶然发现了狄拉克方程，它美丽且简洁。我记得，自己初次看到它时禁不住叫了起来。）

狄拉克方程取得了惊人的成功。早些时候，我们看到法拉第证明了线圈中不断变化的电场会产生磁场。但在没有任何运动电荷的情况下，条形磁铁中的磁场来自哪里呢？这是一个谜。根据狄拉克方程，电子被预测会自旋，故而能产生自己的磁场。电子的这一特性是从数学的一开始就存在了。（然而，这个自旋不是我们在周围看到的熟悉的自旋——陀螺仪的自旋，而是狄拉克方程中的一个数学项。）自旋产生的磁场与实际上在电子周围发现的磁场完全符合，这反过来有助于解释磁性的起源。那么，磁铁中的磁场来自哪里？它来自于被困在金属内部的电子的自旋。后来，人们发现所有亚原子粒子都有自旋。关于这个重要的概念，我们将在后面的章节作详细讨论。

更重要的是，狄拉克方程预言了一种意想不到的新物质形式，反物质。反物质遵循与普通物质相同的规律，只是电荷相反。所以反电子叫做正电子，有正电荷而不是负电荷。原则上，可能会产生反原子，由反电子围绕反质子和反中子旋转而成。但是，当物质和反物质碰撞时，它们会爆发而产生出能量。（反物质将成为万能理论的一个至关重要的成分，因为万能理论中的所有粒子必然有对应的反粒子。）

以前，物理学家认为，对称性是任何理论中令人愉悦但不重要的方面。今天，物理学家对对称性的力量感到震惊，它实际上可以预测全新的和意想不到的物理现象（如反物质和电子自旋）。物理学家开始明白，从根本上看，对称性是宇宙的一个必不可少的、不可避免的特征。

宇宙方程式 什么是波？

当然，还是存在不少问题困扰着我们。如果电子具有类似波的性质，是什么干扰了波所存在的介质？什么是波？一个电子怎么能同时穿过两个不同的孔？一个电子怎么能同时出现在两个地方？

答案是惊人的和不可思议的，且把物理界一分为二。根据马克斯·玻恩（Max Born）在1926年发表的一篇论文，波是在某一点找到一个电子的概率。换句话说，你不能确切地知道电子在哪里，你能知道的只是找到它的概率。这符合沃纳·海森堡著名的测不准原理，该原理指出，你不能精确地知道电子的速度和位置。换句话说，电子是粒子，在任何给定位置找到粒子的概率由波函数给出。

这个想法令人震惊。这意味着你无法准确地预测未来。你只能预测某些事情发生的可能性。但是，量子理论的成功是不可否认的。爱因斯坦写道，"量子理论越成功，它看起来就越愚蠢。"甚至最初引入电子波概念的薛定谔也拒绝了这种对他自己方程的概率解释。即使在今天，物理学家仍在争论波动理论的哲学含义。你怎么能同时在两个地方出现？诺贝尔物理学奖获得者理查德·费曼曾经说过，"我想我可以有把握地说，没有人理解量子力学。"

自牛顿以来，物理学家就相信一种叫做决定论的东西，而这种哲学认为所有未来的事件都可以准确预测。自然法则决定了宇宙万物的运动，使之有序和可预测。对牛顿来说，整个宇宙就像一个时钟，以精确可预测的方式跳动。如果你知道宇宙中所有粒子的位置和速度，你就可以推断出所有未来的事件。

预测未来，一直是凡人的执念。莎士比亚曾在《麦克白》中写道：

"如果你能探究时间的种子，

说哪种谷物会生长，哪种不会，

那么，跟我说说。"

根据牛顿物理学，可以预测哪些颗粒会生长，哪些不会。几个世纪以来，这种观点在物理学家中盛行。所以，不确定性是异端邪说，彻底动摇了现代物理学。

方程宇宙 泰坦之战

这场论战的一方是爱因斯坦和薛定谔，他们首先帮助发起了量子革命；另一方是尼尔斯·玻尔和沃纳·海森堡，新量子理论的创造者。这场论战在1930年布鲁塞尔举行的具有历史意义的第六次索尔维会议上达到高潮。这是一场旷日持久的辩论，当时物理学界的巨头们为阐明自己对量子理论的观点展开了正面交锋。

保罗·埃伦费斯特（Paul Ehrenfest）写道："我永远不会忘记两个对手离开大学俱乐部的情景。爱因斯坦，一个威严的人物，平静地走着，带着淡淡的讽刺的微笑。玻尔在他身边小跑，非常沮丧。"可以听到玻尔在走廊里沮丧地喃喃自语，重复地说着："爱因斯坦……爱因斯坦……爱因斯坦。"

爱因斯坦带头冲锋陷阵，对量子理论提出了一个又一个反对意见，试图揭示它是多么的荒谬。但玻尔成功地逐一反驳了爱因斯坦的每一个批评。当爱因斯坦不断重复"上帝不会和宇宙玩骰子"时，据传玻尔说:"别再告诉上帝该怎么做了。"

普林斯顿物理学家约翰·惠勒(John Wheeler)说:"这是我所知道的思想史上最伟大的辩论。30年来,我从未听说过两个更伟大的人在更长的时间内就一个更深奥的问题进行过类似的辩论,对理解这个奇异的世界产生更深远的影响。"

历史学家大多同意,玻尔和量子反叛者赢得了辩论。

尽管如此,爱因斯坦还是成功地揭开了量子力学基础的裂缝。这些批评流传至今,且都集中在某一只猫的身上。

宇宙方程 薛定谔的猫

薛定谔设计了一个简单的思维实验,揭示了问题的本质。把一只猫放在一个密封的盒子里。在盒子里放一块铀。当铀发射亚原子粒子时,它会触发盖革计数器,引发一把枪向猫发射子弹。问题是:猫是死是活?

既然铀原子的发射是纯量子事件,那就意味着你要用量子力学来描述猫。对海森堡来说,在你打开盒子之前,猫是作为不同量子态的混合物存在的,即猫是两个波的和:一个波描述一只死猫,一个波描述一只活猫。这只猫既没有死也没有活,而是两者的混合体。辨别猫是死是活的唯一方法是打开盒子观察;然后波函数坍缩成一只死猫或一只活猫。换句话说,观察(需要意识)决定存在。

对爱因斯坦来说,这一切都是荒谬的。这很像伯克利主教的哲学,他问:如果一棵树倒在森林里,没有人听到它,它会发出声音吗?唯我论者会说"不"。但量子理论更糟糕,它说:如果森林中有一棵树,周围没有人,这棵树就是许多不同状态的总和,例如,一棵烧焦的树、一棵树苗、木柴、胶合板等。只有当你看见那棵树时,它的波才会神奇地坍缩为一棵普通的树。

当游客来参观爱因斯坦的房子时，他会问他们，"月亮存在，是因为一只老鼠在看它吗？"不过，无论量子理论多么违反常识，一个优点不可忽视：它在实验上是正确的。量子理论的预测已经被测试精确到小数点后11位，使它成为有史以来最精确的理论。

爱因斯坦承认量子理论至少包含了部分真理。1929年，他甚至推荐薛定谔和海森堡获得诺贝尔物理学奖。

即使今天，物理学家对猫的问题也没有普遍的共识。老的尼尔斯·玻尔的哥本哈根学派的解释是，真正的猫出现只是因为观察导致猫的波的坍缩。这种解释已经不再受欢迎，部分原因是纳米技术的出现，今天我们可以操纵单个原子并进行这些实验。新的且更受欢迎的是关于多元宇宙或多元世界的解释，宇宙分裂成两半：一半包含一只死猫，一半包含一只活猫。

随着量子理论的成功，20世纪30年代的物理学家将目光转向了一个新的战利品[1]，尝试回答一个古老的问题：为什么太阳会发光？

方宇 程宙 来自太阳的能量

自古以来，世界各大宗教都尊崇太阳，把它放在神话的中心。太阳是主宰天空的最强大的神之一。对希腊人来说，它就是赫利俄斯，它每天都骑着那辆燃烧的战车在天空中穿梭，照亮这个世界，赋予了生命。阿兹特克人、埃及人和印度人都有他们自己版本的"太阳神"。

在文艺复兴时期，一些科学家试图通过物理学的透镜来观察太阳。如果太阳是由木头或石油制成的，早就消耗殆尽了。如果广阔的外层空间没有空气，那么太阳的火焰早就熄灭了。所以太阳的永恒能量是一个谜。

1842年，世界上的科学家面临着一个巨大的挑战。实证主义哲学的创始人、法国哲学家奥古斯特·孔德（Auguste Comte）宣称，科学确实是强大的，揭示了宇宙的许多秘密，但有一件事将永远超出科学的范畴。即使最伟大的科学家也不能回答这个问题：行星和太阳是由什么组成的？

这是一个合理的挑战，因为科学的基石是可测试性。所有的科学发现都必须是可复制的，且可在实验室中进行测试，但人们肯定不能将太阳物质捕捉到瓶子中并带回地球。因此，这个答案将永远超出我们的掌控。

具有讽刺意味的是，孔德在《积极哲学》中提出这一主张的几年后，物理学家就发现了太阳的重要成分是氢。

孔德犯了一个小错误。是的，科学必须是可测试的，但正如我们已经知道的，许多科学成果得益于间接测试。

约瑟夫·冯·夫琅和费（Joseph von Fraunhofer）是19世纪的科学家，他通过设计当时最精确的光谱仪来回答孔德的问题。（在光谱仪中，物质被加热，直到它们开始发出黑体辐射。然后，光线通过棱镜，在那里形成彩虹。在颜色带内部有深色带，这些带的产生是因为电子从一个轨道到另一个轨道进行量子跳跃，释放和吸收特定量的能量。由于每个元素都有自己的特征带，所以每个光谱带就像一个指纹，让你可以确定这种物质是由什么组成的。分光镜还解决了许多犯罪问题，能够识别罪犯脚印的泥土来自哪里，或者在毒药中发现毒素的性质，或者发现纤维和毛发的来源。光谱仪可以让你通过确定所有东西的化学成分以重现犯罪现场。）

通过分析太阳的光带，夫琅和费与其他人发现，太阳主要由氢组成。（奇怪的是，物理学家还在太阳中发现了一种新的未知物质。他们将其命名为氦，意为"来自太阳的金属"。所以，氦实际上是首先在太阳中被发现的，而不是地球。后来，科学家意识到氦是一种气体，而不是金属。）

夫琅和费还有一个重要发现，通过分析来自恒星的光，他发现它们是由地球上常见的相同物质发出的。这是一个深刻的发现，因为它表明物理定律不仅在太阳系适用，在整个宇宙也适用。

一旦爱因斯坦的理论得到承认，像汉斯·贝特（Hans Bethe）这样的物理学家就会将所有的东西放在一起，以确定太阳的燃料。如果太阳是由氢组成，其巨大的引力场可以压缩氢，直到质子融合，产生氦和更重的元素。由于氦的重量略小于结合形成氦的质子和中子，这意味着丢失的质量能通过爱因斯坦的公式 $E=mc^2$ 转化为能量。

方宇 程宙 量子力学与战争

当众多物理学家忙于争论量子理论令人费解的悖论时，战争的阴云正在地平线上聚集。阿道夫·希特勒于1933年在德国夺取政权，一波又一波的物理学家或被迫逃离德国，或被逮捕，甚至更糟。

一天，薛定谔目睹了纳粹褐衫党徒骚扰无辜的犹太旁观者和店主。当他试图阻止他们时，他们转向他，殴打他。当其中一个褐衫党徒认出他们正殴打的是诺贝尔物理学奖的获奖者时，行动停了下来。受到惊吓的薛定谔很快离开了奥地利。德国科学界最优秀和最聪明的一些人被媒体报道的压制消息震惊，纷纷离开了他们的国家。

量子理论之父普朗克曾经是一名外交官，他曾亲自恳求希特勒阻止德国科学家的大规模外流，避免国家最优秀的人才流失。但希特勒只是冲着普朗克大声咆哮，声讨犹太人。后来，普朗克写道，"不可能和这样的人作正常沟通。"（普朗克的儿子曾试图暗杀希特勒，最终遭到了残酷的折磨并被处决。）

几十年来，当爱因斯坦被问及他的方程是否能释放出被锁在原子内部的惊人能量时，他总是说"不"，一个原子释放的能量太小，没有实际用途。

然而，希特勒想利用德国在科学上的优势来制造世界上从未见过的强大武器、恐怖武器，如 V-1、V-2 火箭和原子弹。毕竟，如果太阳是由核能驱动的，那么使用相同的能源制造超级武器将成为可能。

物理学家利奥·西拉德（Leo Szilard）对如何利用爱因斯坦方程有着关键的见解。德国物理学家已经证明，铀原子被中子击中，可以分裂成两半，并释放出更多的中子。单个铀原子分裂释放的能量非常小，但西拉德意识到你可以通过链式反应放大铀原子的能量：分裂一个铀原子释放出两个中子。这些中子可以再裂变两个铀原子，释放出四个中子。那么，你会有八个、十六个、三十二个、六十四个中子……分裂的铀原子数量呈指数级增长，最终产生足够的能量可将任何城市夷为平地。

突然，造成物理学家分裂的索尔维会议上的神秘讨论变成了生死攸关的紧迫问题，全人类、国家和文明本身的命运也岌岌可危。

当爱因斯坦得知纳粹正在波希米亚封锁含有铀的沥青铀矿时，他吓坏了。虽然爱因斯坦是一个和平主义者，但他意识到必须给富兰克林·罗斯福总统写一封至关重要的信，呼吁美国制造原子弹。罗斯福随后批准了历史上最大的科学项目——曼哈顿计划。

再说德国，沃纳·海森堡，可以说是这个星球上最杰出的量子物理学家之一，被任命为纳粹原子弹项目的负责人。根据一些历史学家的说法，当时的科学界对海森堡可能用原子弹击败盟军感到恐惧，以至于战略情报局（中情局前身）策划了一项针对他的暗杀计划。1944年，布鲁克林道奇队的前接球手莫伊·贝格（Moe Berg）接受了这项任务。贝格参加了海森堡在苏黎世的一次演讲，他接到的命令是：如果他认为德国的炸弹项目即将完成，就杀死这位物理学家。[这个故事在尼古拉斯·达维多夫（Nicholas Dawidof）的《接球手是间谍》一书中有阐述。]

幸运的是，纳粹的炸弹项目进度远远落后于盟军的努力。它资金不足，长期拖延，其基地频繁遭到盟军的轰炸。最重要的是，海森堡未能解决制造原子弹的一个关键问题：确定产生链式反应所需的浓缩铀或钚的重量，也称临界质量，约20磅（约9.07公斤）。

第二次世界大战后，人们慢慢认识到，量子理论中晦涩难懂的方程不仅是原子物理的关键，也可能是人类自身命运的关键。

　　这时，物理学家开始慢慢回到战前困扰他们的问题：如何建立一套完整的物质量子理论。

4 几乎万能的理论

第二次世界大战后，曾揭开质能关系、发现恒星秘密的爱因斯坦感到自己孤独且孤立。

物理学最近的几乎所有进展都是在量子理论中取得，而不是在统一场论中。事实上，爱因斯坦哀叹自己被其他物理学家视为遗物。他寻找统一场论的目标被大多数物理学家认为太难了，尤其是当核力仍然是一个谜的时候。

爱因斯坦评论道："我通常被认为是一个呆板的人，随着岁月的流逝变得又瞎又聋。我觉得这个角色并不太令人讨厌，因为它很符合我的气质。"

过去，总有一个基本原则指导着爱因斯坦的工作。在狭义相对论中，在交换 X、Y、Z 和 T 时，他的理论保持不变。在广义相对论中，等价原则是重力和加速度可以等价。但在对万能理论的探索中，爱因斯坦没能找到一个适用的指导原则。即使今天依然如此，当我翻阅爱因斯坦的笔记和众多计算记录时，发现他有很多想法，但没有指导原则。他自己也意识到，这将毁灭他最终的追求。他曾悲伤地说，"我相信，为了取得真正的进步，人们必须再次从自然中找出一些普遍的原则。"

爱因斯坦一直没找到。他曾经勇敢地说，"上帝是微妙的，但不是恶意的。"晚年，他变得灰心丧气，总结道："我有另一种想法，也许上帝是恶意的。"

尽管大多数物理学家忽略了对统一场论的追求，但不时地仍会有人进行尝试。

甚至欧文·薛定谔也尝试过。他谦虚地给爱因斯坦写信，"你在猎狮子，而我在说兔子。"1947年，薛定谔举行了一次记者招待会，宣布了他的统一场论版本，甚至爱尔兰总理埃蒙·德·瓦莱拉（Éamon de Valera）也出席了。薛定谔说："我相信我是对的。如果我错了，我将是个大傻瓜。"爱因斯坦后来告诉薛定谔，他也思考过这个理论，发现它是不正确的，薛定谔的理论不能解释电子和原子的性质。

沃纳·海森堡和沃尔夫冈·泡利也发现了这个问题，并提出了他们的统一场论版本。泡利是物理学界最有名的愤世嫉俗者之一，也是爱因斯坦计划的批评者。他的名言是，"上帝把什么东西拆开了，别的人就不要去试图复原它了"，也就是说，如果上帝把宇宙中的力拆开了，我们有什么资格试图将其统一？

1958年，泡利在哥伦比亚大学作演讲，解释了海森堡-泡利统一场论。玻尔在观众席上。泡利结束讲话后，玻尔站起来发言，"我们确信你的理论是疯狂的，我们的分歧在于你的理论的疯狂程度。"

这引发了一场激烈的讨论，泡利声称他的理论疯狂到可以成立，而其他人则说他的理论不够疯狂。物理学家杰里米·伯恩斯坦当时也在观众席上，他后来回忆道："这是现代物理学两大巨头的一次离奇的狭路相逢。我一直在想，一个非物理学家的游客会如何看待它。"

玻尔是对的，因为泡利提出的理论后来被证明是不正确的。

实际上，玻尔偶然地发现了一件重要的事情。所有简单明了的理论都被爱因斯坦和他的同事们尝试过，且失败了。因此，真正的统一场论必须与之前的完全不同。它必须"足够疯狂"，才能成为一个真正的万能理论。

宇宙方程 量子电动力学(QED)

第二次世界大战后，科技的真正进步是在发展出一种完整的光和电子的量子理论取得的，即量子电动力学（QED）。该理论的目标是将狄拉克的电子理论与麦克斯韦的光理论结合起来，从而创建一个遵循量子力学和狭义相对论的光与电子理论。然而，将狄拉克的电子理论和广义相对论结合，难度很高。

罗伯特·奥本海默（Robert Oppenheimer）（他后来领导了制造原子弹的项目）早在1930年就意识到了一些令人不安的事情。当人们试图描述电子与光子相互作用的量子理论时，发现量子修正是发散的，产生了无用的、无穷大的结果。量子修正应该很小——这是几十年来的指导原则。因此，简单地将狄拉克方程（电子）和麦克斯韦理论（光子）结合，存在着一个本质上的缺陷。这困扰了物理学家近二十年，许多物理学家研究它，但进展甚微。

最后，1949年，三个独立工作的年轻物理学家，美国的理查德·费曼和朱利安·施温格（Julian Schwinger），以及日本的朝永振一郎（Shin'ichro Tomonaga），解决了这个长期存在的问题。

他们非常成功，可以精确地计算出电子的磁性。不过，他们的计算方法存在争议，今天仍然如此。

他们从狄拉克方程和麦克斯韦方程开始，给电子的质量和电荷赋予一定的初始值（称为"裸质量和裸电荷"）。然后，他们计算了对裸质量和裸电荷的量子修正。量子修正无穷大，这是奥本海默早些时候发现的问题。

但神奇正来自于此。如果我们假设最初的裸质量和裸电荷一开始就是无穷大，然后计算无穷大的量子修正，会发现两个无穷大的数可以相互抵消，留下一个有限的结果！换句话说，无穷大减无穷大等于零！

这是一个疯狂的想法，但它奏效了。使用量子电动力学能以惊人的精度计算出电子的磁场强度，能精确到十亿分之一。

史蒂芬·温伯格曾指出，"这里的理论和实验之间的数值上的一致可能是所有科学中最令人印象深刻的。"这就像计算洛杉矶到纽约的距离，精度能达到一根头发的直径以内。施温格为此非常自豪，他的墓碑上刻有这一结果的标志。

这种方法叫重整化理论。然而，这个过程是艰难的、复杂的和让人心烦意乱的。成千上万的项必须逐项精确计算，它们必须精确抵消。

因为重整化的过程太难了，连最初帮助创造量子电动力学的狄拉克也不喜欢。狄拉克觉得这完全是人为的，就像在地毯下刷东西一样。他曾说："这是不明智的数学。明智的数学是当一个量变小时忽略它。"

重整化理论可以将爱因斯坦的狭义相对论和麦克斯韦的电磁理论结合起来，但它确实非常丑陋。为了抵消成千上万个项，必须掌握大量的数学技巧。但你无法与结果争辩，结果没有错。

方宇程宙 量子革命的应用

这反过来为一系列非凡的发现铺平了道路，这些发现将带来第三次技术革命——高科技革命（包括晶体管和激光），从而有助于创造现代世界。

晶体管，也许是过去一百年的关键发明。晶体管带来了信息革命，带来了电信系统、计算机和互联网的巨大网络。晶体管是控制电子流的阀门。想象一个阀门，轻轻转动它，我们就能控制管道中的水流。同样，晶体管就像一个微小的电子阀门，允许用很少的电量来控制电线中更大的电子流。因此，可以放大微小信号。

同样，激光、激光器也是量子理论的副产品。要制造气体激光器，先从一管氢气和氦气开始，然后向其中注入能量（通过施加电流）。这种能量的突然注入导致气体中数万亿电子跃迁到更高的能级。然而，这个被激发的原子阵列是不稳定的。如果一个电子衰变到较低的水平，它会释放出一个光子，这个光子会撞击到邻近的被激发的原子。这导致第二个原子衰变并释放出另一个光子。量子力学预测，第二个光子与第一个光子振动一致。在管子的两端放上镜子，放大这个光子流。最终，这一过程导致了光子的"雪崩"，即所有光子都在镜子之间一致地来回振动，产生了激光束。

如今，激光随处可见：杂货店收银台、医院、电脑、摇滚音乐会、太空卫星等。激光束不仅可以携带大量信息，还可以传输大量能量，足以烧穿大多数材料。（显然，激光能量的唯一限制是激光材料的稳定性和驱动激光的能量。因此，有了合适的激光物质和能量源，人们原则上可以制造出类似科幻电影中看到的任何激光束。）

方宇程宙 什么是生命？

欧文·薛定谔是阐述量子力学的关键人物。但他还对另一个困扰了科学家数百年的问题感兴趣：生命是什么？量子力学能解答这个古老的谜吗？他相信，量子革命的一个副产品是理解生命起源的关键。

历史上，科学家和哲学家认为，一定存在某种使生物体活跃的生命力量。当一个神秘的"灵魂"进入一个身体时，它突然变得有生命。许多人相信二元论，即物质身体与精神"灵魂"共存。

然而，薛定谔认为，生命的密码隐藏在某个服从量子力学定律的主分子中。例如，爱因斯坦将以太排除在物理学之外。同样，薛定谔试图将生命力从生物学中驱逐出去。1944年，他写了一本有洞见的书《生命是什么？》，此书对第二次世界大战后的新一代科学家产生了深远的影响。薛定谔建议用量子力学来回答关于生命的最古老的问题。在那本书里，他看到一种遗传密码正以某种方式从一代生物转移到下一代生物。他认为这种代码并不储存在灵魂中，而是储存在我们细胞的分子排列中。利用量子力学，他建立了这个神秘的主分子可能是什么的理论。不幸的是，在20世纪40年代，人们对分子生物学的认识还不足以回答这个问题。

后来，两位科学家詹姆斯·沃森（James Watson）和弗朗西斯·克里克（Francis Crick）读了这本书，对寻找这种"主分子"非常着迷。沃森和克里克意识到分子太小，不可能看到或操控它，这是因为可见光的波长较短。不过，他们还有另一个量子技巧，X光结晶学。X射线的波长在大小上与分子相当，当照射到有机材料的晶体上时，它将向多个方向散射。散射的图案包含了关于晶体详细原子结构的信息。不同的分子产生不同的X光图案。一个经验丰富的量子物理学家，通过观察散射的照片，可以推测出原始分子的结构。所以，尽管你看不到分子本身，但仍然可以破译它的结构。

量子力学如此强大，以至于人们可以确定不同原子结合在一起产生分子的角度。就像一个玩小玩具或乐高玩具的孩子一样，人们可以将原子一个一个地链在一起复制出复杂分子的实际结构。因为沃森和克里克意识到DNA分子是细胞核的主要成分之一，所以这是一个可能的目标。通过分析罗莎琳德·富兰克林拍摄的X光照片，他们得出结论，DNA分子为双螺旋结构。

沃森和克里克在20世纪发表的最重要的一篇论文中使用了量子力学解码DNA分子的整个结构，这是个杰作。他们最终证明了生物的基本过程——繁殖——可以在分子水平上复制，使生命被编码在细胞中发现的DNA链上。

这是一个突破，它使生物学的圣杯——人类基因组计划——得以实现，该计划给了我们一个完整的人的基因的原子描述。

正如查尔斯·达尔文在20世纪的预言，现在有可能构建地球上的生命家谱，因为每种生物或化石都是这棵树上的一个分支。其实，所有这些都是量子力学的产物。

所以，量子物理定律的统一不仅揭示了宇宙的秘密，也统一了生命之树。

方程宇宙 核力

我们记得，爱因斯坦无法完成他的统一场论，部分原因是他错过了这个谜题的一个巨大的组成部分——核力。20世纪20—30年代，人们对核力几乎一无所知。

但在第二次世界大战之后，在量子电动力学飞速发展的鼓舞下，科学家将注意力转向了下一个紧要问题——将量子理论应用于核力。这将是一项困难且艰巨的任务，因为他们从零开始，需要全新的强大的工具才能在这片未知的土地上找到自己的路。

核力有两种，强核力和弱核力。由于质子带正电荷且正电荷相互排斥，原子核通常会散开。支撑原子核的是核力，它克服静电斥力。没有它们，我们的世界会溶解成一团亚原子粒子。

强核力可以让很多化学元素的原子核无限稳定。很多元素从宇宙的诞生开始就很稳定，尤其是当质子和中子的数量平衡时。然而，有许多原因会造成一些原子核不稳定，尤其是质子或中子过多时。如果质子过多，电斥力会导致原子核飞散；如果中子过多，不稳定性会导致原子核衰变。需要特别注意的是，弱核力不足以将中子永久地聚在一起，所以中子最终会分裂。自由中子会衰变，剩下三种粒子：质子、电子、反中微子（另一种神秘的新粒子，我们将在后面讨论）。

研究核力是困难的，因为原子核比原子小得多。为了探测质子内部，物理学家需要一种新工具——粒子加速器。我们看到了欧内斯特·卢瑟福在几年前是如何利用装在铅盒里的镭发出的射线发现原子核的。为了探索原子核的更深处，物理学家需要更强大的辐射源。

1929年，欧内斯特·劳伦斯（Orlando Lawrence）发明了回旋加速器，这是今天的巨型粒子加速器的前身。回旋加速器的原理很简单，磁场迫使质子沿圆形路径运动。在每个循环中，质子都将被电场赋予一点能量。最终，经过多次旋转，质子束可以达到数百万甚至数十亿电子伏特。（粒子加速器的基本原理并不难，我高中时就自制了一个电子粒子加速器，一个β管。）

反过来，这个质子束最终被导向一个目标，在那里，它撞击其他质子。通过筛选碰撞所产生的巨大碎片，科学家能够识别出新的、以前未被发现的粒子。（发射粒子束粉碎质子的过程是一个笨拙且不精确的操作。这被比作将一架钢琴扔出窗外，然后试图通过分析撞击声来确定钢琴的属性。尽管这个过程很笨拙，但它是我们探测质子内部的仅有的几种方法之一。）

在20世纪50年代，当物理学家第一次用粒子加速器粉碎质子时，他们沮丧地发现了一团意想不到的粒子。

这是过剩产生的尴尬。人们认为，自然应该随着你的探索越深入越简单，而不是越复杂。对量子物理学家来说，大自然也许确实是恶意的。

罗伯特·奥本海默对新粒子的泛滥感到沮丧，他声称诺贝尔物理学奖应该授予当年没有发现新粒子的物理学家。恩利克·费米（Enrico Fermi）宣称，"如果我知道会有这么多希腊名字的粒子，我会成为一个植物学家而不是物理学家。"

研究人员淹没在亚原子粒子中。这种混乱促使一些物理学家声称，也许人类的大脑不够聪明，无法理解亚原子领域。他们认为，也许人类的大脑不够强大，不足以理解原子核内发生的事情。

加州理工学院的默里·盖尔曼（Murray Gell-Mann）和他的同事的工作开始澄清一些困惑，他们声称在质子和中子内部，存在三种更小的被称为夸克的粒子。

这是一个简单的模型，但它在给粒子分组方面非常有效。像之前的门捷列夫一样，盖尔曼可以通过观察他的理论中的间隙来预测新的强相互作用粒子的性质。1964年，夸克模型预言的另一个粒子在实验中被发现，即负欧米伽子。这验证了理论的正确性，盖尔曼因此获得了诺贝尔奖。

夸克模型能够统一这么多粒子的原因是它基于对称性。我们记得，爱因斯坦引入了四维对称，把空间变成了时间，反之亦然。盖尔曼引入了包含三个夸克的方程，当你在一个方程中交换它们时，方程保持不变。这种新的对称性描述了三个夸克的重组。

方程宇宙 另一个两极对立

加州理工学院的另一位伟大的物理学家，理查德·费曼，重整了量子电动力学。默里·盖尔曼引入了夸克。他们的个性和气质截然相反。

在流行媒体中，物理学家普遍被描绘成疯狂的科学家（如《回到未来》中的"布朗博士"）或无可救药的无能书呆子（如《大爆炸理论》中的形象）。然而，现实中，物理学家有各种类型的身材和性格。

费曼是一个放浪形骸的讨人厌者，擅长表演，举止滑稽，总用粗俗的口音讲着粗俗的故事和粗暴的噱头。（第二次世界大战期间，他曾在洛斯阿拉莫斯国家实验室破解了装有原子弹秘密的保险箱。在保险箱里，他留下了一张神秘的纸条。第二天，当官员们发现这张纸条时，他在国家最高机密实验室的行为引起了极大的恐慌。）对费曼来说，没有什么是不正统或不体面的。出于好奇，他甚至曾将自己密封在高压舱里，看看能否体验一次灵魂出窍的经历。

然而，盖尔曼恰恰相反，他总是一副绅士派头，言语得体，举止优雅。观鸟、收藏古董、语言学和考古学是他喜欢的消遣，从不背诵滑稽的故事。尽管性格不同，但他们都有相同的动力和决心，这有助于他们理解量子理论的奥秘。

方宇程宙 弱核力和幽灵粒子

与此同时，人们在理解弱核力方面取得了长足的进步，弱核力的作用距离和大小皆小于强核力。

例如，弱核力不足以将许多类型的原子的原子核保持在一起，所以它们会分裂并衰变为更小的亚原子粒子。正如我们看到的，放射性衰变是地球内部维持高热的原因。雷鸣般的火山爆发和地震释放的可怕能量皆来自弱核力。必须引入一个新粒子来解释弱核力。例如，中子是不稳定的，最终会衰变为质子和电子，这叫β衰变。为了计算，物理学家需要引入第三种粒子，一种叫做中微子的神秘粒子。

中微子有时也称幽灵粒子，因为它能穿透整个行星和恒星而不被吸收。阅读本书时，你的身体正被来自外太空的大量中微子辐射，其中一些穿过了整个地球。

泡利在1930年预言了中微子的存在，他曾感叹："我犯了最严重的错误。我居然引入了一个永远无法观测到的粒子。"尽管中微子难以观察，但人们还是在1956年分析核电站发出的强烈辐射时发现了它。

为了理解弱核力，物理学家再次引入了一种新的对称性。由于电子和中微子是一对弱相互作用的粒子，一些人提出它们可以配对，给出一个对称性。那么，这种新的对称性反过来又可以与麦克斯韦理论的旧的对称性结合。由此产生的理论被称为电弱统一理论，它将电磁力与弱核力统一起来。

史蒂芬·温伯格、谢尔登·格拉肖（Sheldon Glashow）、阿卜杜勒·萨拉姆（Abdus Salam）的电弱统一理论为他们赢得了1979年的诺贝尔奖。

所以，光并未像爱因斯坦希望的那样与引力结合，事实上，它更喜欢与弱核力结合。

因此，强核力是基于盖尔曼的对称性，将三个夸克结合在一起产生质子和中子；弱核力是基于更小的对称性，即电子与中微子的重新排列，然后与电磁力结合。

不过，尽管夸克模型和电弱统一理论在描述亚原子粒子群方面很强大，但仍然留下了巨大的空白，其中最紧迫的问题是：是什么将所有这些粒子聚集在一起？

方宇 杨–米尔斯理论
程宙

因为麦克斯韦场在预测电磁学方面非常成功，物理学家开始研究麦克斯韦方程的一个新的、更强大的版本。它由杨振宁和罗伯特·米尔斯（Robert Mills）在 1954 年提出，这不是麦克斯韦在 1861 年写下的一个场，而是引入了场家族。盖尔曼在这个理论中，用排列夸克的对称性重新排列杨–米尔斯场的新集合。

这一想法非常简单，即电场维系原子稳定，可用麦克斯韦方程组描述。那么，也许将夸克联系在一起的是麦克斯韦方程的一个广义化，即杨–米尔斯场。现在，描述夸克的对称性同样适用于杨–米尔斯场。

然而，几十年来，这个简单的想法逐渐失去了活力，因为人们在计算杨–米尔斯粒子的性质时，结果为无穷大，与我们在量子电动力学中遇到的情况相似。不幸的是，费曼引入的一系列技巧不足以重整杨–米尔斯理论。多年来，物理学家对寻找有限的核力理论感到绝望。

最后，一个有进取心的荷兰研究生杰拉德·特·胡夫特（Gerard't Hooft）鼓起了足够的勇气和洪荒之力走进了这个充满无穷项的灌木丛，并用蛮力将杨–米尔斯的田地重整化。当然，那时的计算机已经足够先进，可以分析这些无穷项。当计算机程序输出一系列代表这些量子修正的结果时（数值为"0"），他知道自己找到了答案。

这一突破立即引起了物理学家的注意，物理学家谢尔登·格拉肖惊呼，"这家伙要么是个十足的白痴，要么是物理学领域最伟大的天才！"

1999年，他和他的导师马丁努斯·维尔特曼（Martinus Veltman）赢得了诺贝尔物理学奖。突然，有了一个新的场，可以用来将核力中已知的粒子结合起来，并解释弱核力。在应用于夸克时，杨-米尔斯场被称为胶子，因为它像胶水一样把夸克粘在一起。根据计算机模拟显示，杨-米尔斯场凝结成一种类似太妃糖的物质，然后像胶水一样将夸克结合在一起。为了做到这一点，人们需要三种类型或三种颜色的夸克，且遵循盖尔曼的三夸克对称性。于是，一种新的强力理论开始获得广泛的认可，量子色动力学（QCD）。今天，这个理论是强核力领域里的著名的理论。

方宇程宙 希格斯玻色子——上帝粒子

渐渐地，在一片混乱中，出现了一种新理论——标准模型。因此，围绕亚原子粒子群的混乱得到消除。一个杨-米尔斯场（称为胶子）将中子和质子中的夸克联系在一起；另一个杨-米尔斯场（称为 W 和 Z 粒子）描述了电子和中微子之间的相互作用。

不过，阻碍标准模型最终被接受的是缺乏粒子拼图的最后一块，称希格斯玻色子，也称上帝粒子。只有对称是不够的，我们需要一种方法打破这种对称性，因为我们周围的可见宇宙并非完美对称。

今天，我们看宇宙时，四种力都相互独立地工作。乍一看，重力、光和核力似乎并无共同之处。但当时间回退到过去时，这些力开始汇聚，创世的瞬间也许只有一种力。

一幅新的图景开始出现，它使用粒子物理学解释宇宙的最大奥秘——宇宙的诞生。突然，两个截然不同的领域开始合二为一，量子力学和广义相对论。

在这幅图景中，在宇宙大爆炸的瞬间，四种力被合并成一个服从主对称性的超力，这种主对称性可以将宇宙中的所有粒子旋转并相互转换。支配超力的方程式是上帝方程，其对称性是爱因斯坦和物理学家一直未能找到的对象。

大爆炸后，随着宇宙的膨胀，炽热的宇宙开始冷却，各种力和对称逐渐破碎，留下了今天标准模型支离破碎的弱力和强力对称性。这个过程，被称为对称性破裂。这意味着我们需要一种机制精确地打破原始的对称性，留下标准模型，这就是希格斯玻色子的来源。

为了明白这一点，可以想象一个大坝，水库里的水是对称的。我们旋转水，水看起来是一样的。而经验告诉我们，水往低处流。根据牛顿的观点，水总是需要寻找更低的能量状态。如果大坝溃决，水会突然冲向下游，进入低能量状态。所以，大坝后面的水处于更高的能量状态。物理学家把大坝后面的水的状态称为"假真空"，因为它是不稳定的。当溃坝中的水达到"真空"后，也即达到下面山谷中能量最低的状态时，水才变得稳定。大坝溃决后，原来的对称没有了，但水到达了真正的基态。

当你分析沸腾的水时，也会发现这种效应。在水沸腾之前，它处于"假真空"状态，它不稳定但很对称，即你可以旋转水，水看起来总是一样的。加热时，水会形成微小的气泡，每个气泡的能量都比周围的水低。最后，气泡不断膨胀，直到足够多的气泡融合，水沸腾了。

按照这种设想推理，宇宙原本处于完全对称的状态，所有的亚原子粒子都是同一对称的一部分，它们的质量都为零。因为它们的质量为零，故而可以重新排列且让方程保持不变。然而，由于某种未知的原因，它不稳定了。显然，"假真空"转移到"真空"所必需的场是希格斯场。就像法拉第的电场渗透到空间的各个角落一样，希格斯场也充满了整个时空。

由于某种原因，希格斯场的对称性开始被打破。

希格斯场内部开始形成微小的气泡。气泡之外的所有粒子都保持无质量和对称；气泡之内的一些粒子有质量。随着大爆炸的发生，气泡迅速膨胀，粒子开始获得不同的质量，原来的对称性被打破了。最终，整个宇宙以新的状态存在于一个巨大的气泡中。

进入20世纪70年代，许多物理学家的辛勤工作开始有了回报。在"荒野"中搜寻几十年后，他们终于开始把拼图的所有部分拼合。他们意识到，通过将三种理论（代表强力、弱力和电磁力）拼合，可以写出一组与实验室观察结果完全一致的方程[1]。

将这些力黏合在一起的关键是对称性。通过重组三个夸克发现的对称性，可以与重组电子和中微子的对称性以及麦克斯韦方程中的对称性相结合。打破对称性的是希格斯场。最终的理论很尴尬，虽然还不能算成功，但它向前迈出了一大步，因为它符合数据。

几乎万能的理论

需要注意的是，标准模型（见图9）可以准确预测物质的性质，一直追寻到大爆炸后的几分之一秒内。

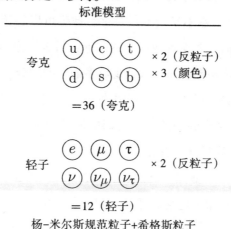

图9 标准模型。标准模型是一个奇怪的亚原子粒子集合，它准确地描述了我们的量子宇宙，有36个夸克和反夸克，12个弱相互作用粒子和反粒子（称为轻子），以及一大堆杨-米尔斯场和希格斯玻色子，它们是在激发希格斯场时所产生。

尽管标准模型代表了我们对亚原子世界的最佳理解，但仍存在许多漏洞。首先，标准模型未提及重力。这是一个大问题，因为重力是控制宇宙大规模行为的力量。每次，物理学家试图将重力添加到标准模型中时，方程都无法求解。由于它的量子修正无穷大，就像量子电动力学和杨-米尔斯粒子一样。因此，标准模型无法揭示宇宙中一些难以解决的秘密，比如，大爆炸之前发生了什么、黑洞里有什么。

其次，标准模型是通过手工将描述各种力的理论拼接而创建的[2]，其最终理论为拼凑而成。（一位物理学家将它比作将鸭嘴兽、土豚和鲸鱼融合为一体，并宣称其为自然界最优雅的生物。据说，由此产生的动物是只有母亲才爱的动物。）

再次，标准模型有许多未确定的参数（夸克的质量和相互作用的强度）。事实上，大约有20个常数需要手工输入，我们不知道这些常数来自哪里，分别代表什么。

最后，标准模型存在三个版本，或者说，在标准模型中有三代夸克、胶子、电子和中微子。物理学家认为，如此笨拙且难操作的东西能支撑宇宙的基本理论令人费解。

宇宙方程 强子对撞机

鉴于重要性考虑，许多国家都支持花费数十亿美元制造下一代粒子加速器。目前，头条新闻是瑞士日内瓦郊外的大型强子对撞机，这是有史以来最大的科学机器，耗资120多亿美元，周长近17英里（约27.4公里）。

大型强子对撞机看起来像一个巨大的"甜甜圈"，横跨在瑞士和法国边界。在管道内，质子被加速，直到它们达到极高的能量。此后，它们与另一束相反方向的高能质子碰撞，释放出14万亿电子伏特的能量，形成巨大的亚原子粒子簇。最后，我们将用世界上最先进的计算机对这团粒子作分析。

大型强子对撞机的目标是复制宇宙大爆炸后不久出现的条件，从而创造这些不稳定的粒子。最近，在2012年，标准模型的最后一块拼图希格斯玻色子被发现。

尽管这是高能物理伟大的一天，但未来的路仍然漫长。标准模型确实描述了所有粒子的相互作用，从质子内部深处到可见宇宙的边缘。但问题依然不少，这个理论很不雅观。过去，每当物理学家探索物质的基本性质时，新的优雅的对称就开始出现，所以物理学家发现标准理论是有问题的，在最基本的层面上，自然似乎更喜欢粗糙一些的理论。

尽管标准模型取得了实际的成功，但很明显，它只是万能理论的"热身"，"好戏"还在后面。

与此同时，物理学家被应用于亚原子粒子的量子理论的惊人成就所鼓舞，开始重新审视已沉寂了几十年的广义相对论。现在，物理学家将目光投向了一个更加雄心勃勃的目标——将标准模型与重力结合——这意味着人们需要一个重力的量子理论。这将是一个真正的万能理论，可以计算出标准模型和广义相对论的所有量子修正。

此前，重整化理论是一个巧妙的手法，消除了量子电动力学和标准模型的所有量子修正。关键是将电磁力和核力表示为粒子，称为光子和杨-米尔斯粒子，然后神奇地挥挥手，通过在其他地方重新吸收它们以使无穷大消失。

物理学家天真地遵循这一悠久的传统，采用爱因斯坦的引力理论，引入了一种新的粒子——引力子。因此，爱因斯坦引入的代表时空结构的光滑表面现在被数万亿微小引力子云包围。

可悲的是，在过去的70年里，物理学家为消除无穷大而辛苦积累的一大堆技巧对引力子来说毫不奏效。引力子产生的量子修正是无穷大的，不能在其他地方被重新吸收。在这里，物理学家碰壁了，他们之前取得的一连串的胜利戛然而止。

沮丧之余，物理学家开始尝试一个温和的目标。由于无法建立完整的引力量子理论，他们试图计算当普通物质被量子化而不管重力时会发生什么。这意味着，他们将计算恒星和星系的量子修正，但不触及重力。仅仅通过量子化原子，人们希望创造一个垫脚石（阶段性的成果），并获得洞察力以制定量子引力理论的更大目标。

这是一个更温和的目标，但它为一系列令人惊讶的、新的、迷人的物理现象推开了大门，这些现象将挑战我们看待宇宙的方式。突然，量子物理学家遇到了宇宙中最奇异的现象：黑洞、虫洞、暗物质和暗能量、时间旅行，甚至宇宙本身的创造。

同时，这些奇怪的宇宙现象的发现也是对探索万能理论提出的挑战。物理学家不仅要解释标准模型中人们熟悉的亚原子粒子，还要解释所有那些拓展人类想象力的奇怪现象。

5 黑色的宇宙

2019年，全球诸多报纸和网站都在头版以显眼的方式刊登了一条轰动的新闻：天文学家拍摄到了第一张黑洞的照片。数十亿人看到了这幅醒目的图像，一个红色的炽热火球，中间有一个黑色的圆形轮廓。这个神秘物体吸引了公众的眼球并占据了所有的新闻媒体。黑洞不仅迷住了物理学家，还进入了公众的视野，一时间登上了无数科学类专刊特辑和众多电影。

由"视界望远镜"拍摄的黑洞位于距离地球53 000 000光年的M87星系内部。黑洞确实是个怪物，其质量超出了太阳质量的50亿倍。我们整个太阳系都能轻松地嵌入照片中的黑色轮廓内，即使算上冥王星的外围。

为了实现这一惊人的成就，天文学家创建了一个超级望远镜。常规的射电望远镜太小，无法吸收足够多的微弱的无线电信号来创建如此遥远的物体的图像。于是，天文学家将散布于世界各地的五个独立信号汇总在一起，拍摄出了这个黑洞。利用超级计算机仔细拟合这些不同的信号，他们实际上创建了一个巨型射电望远镜。这个合成物的能力非常强，以至于原则上它能从地球上探测到月球表面的物体细节。

众多类似黑洞这样的新奇的天文学发现，重新激发了人们对爱因斯坦引力理论的兴趣。可悲的是，在过去的50年，人们对爱因斯坦广义相对论的研究近乎停滞——方程式非常难解，通常涉及数百个变量；引力实验器材太昂贵，通常涉及跨越数英里的探测器。

具有讽刺意味的是，尽管爱因斯坦对量子理论的观点有所保留，但推动相对论研究的正是这二者的结合，即量子理论在广义相对论中的应用。正如我们提到的那样，对引力子的完整理解以及引力子的量子修正被认为是极端困难的事；但是量子理论对恒星的初试牛刀（忽略引力子修正）已经为一波科学技术的突破浪潮打开了大门。

方宇程宙 黑洞是什么？

实际上，黑洞的基本思想可以追溯到牛顿对引力定律的发现。如果以足够的能量发射炮弹，它将绕地球旋转，然后返回到原来的位置。

如果将炮弹垂直向上发射，会发生什么？牛顿意识到，炮弹最终将达到最大高度，然后掉回地球。不过，如果拥有足够的能量，炮弹将达到逃逸速度，即逃离地球引力并飞向太空（永远不会返回）所需的速度。

这是一个简单的练习题，利用牛顿定律计算地球的逃逸速度，该速度为每小时25 000英里（约40 234公里）。这是人类宇航员在1969年成功登月时必须达到的速度。如果未达到地球的逃逸速度，飞行器将围绕地球运动或掉回地球。

1783年，一位名叫约翰·米歇尔（John Michell）的天文学家问了自己一个看似简单的问题：如果逃逸速度是光速，会发生什么？如果发出光束的恒星的质量足够大，以至其逃逸速度就是光速，也许光也不能逃逸。该恒星发出的所有光最终都会落回到恒星中。米歇尔称这些由于光无法逃脱其巨大引力而看上去呈现为黑色的天体为暗星。早在17世纪，科学家对恒星物理学知之甚少，不知道光速的正确数值，这个想法因此消沉了几个世纪。

1916年，德国物理学家卡尔·史瓦西（Karl Schwarzschild）作为炮兵驻扎在对抗俄国的前线。在那场血腥战争（第一次世界大战）中，他抽出时间阅读并消化了爱因斯坦1915年那篇著名的广义相对论论文。在杰出的数学洞察力的灵光一闪中，史瓦西设法找到了爱因斯坦方程式的一个精确解。他没有去求解难度更高的星系或宇宙方程，而是从所有可能的物体中寻求最简单的一个微小的点粒子开始。该物体反过来能够用于近似一个从远处看来是球形恒星的引力场。于是，人们可以将爱因斯坦的理论与实验进行比较。

爱因斯坦对史瓦西论文的反应是欣喜若狂。爱因斯坦意识到，自己的方程式可以进行更精确的计算，例如，星光绕过太阳时的弯曲和水星轨道的摇晃。因此，他不再对方程只作粗略的近似计算，而是根据自己的理论计算出精确结果。这是里程碑式的突破，对于理解黑洞至关重要。（史瓦西作出杰出的发现后不久就去世了，悲伤的爱因斯坦为他写了一封感人的悼词。）尽管史瓦西的解产生了巨大的影响，但也提出了一些令人困惑的问题。从一开始，他的解就具有奇异的属性，这些属性拓宽了我们对空间和时间的理解。围绕超大质量恒星的是一个假想的球体（他称其为魔术球体，今天称为视界）。球体之外远处的引力场近似于普通的牛顿的引力场，因此史瓦西的解可用来近似引力。但是，如果你不幸地接近恒星并越过了视界，你将永远被困住并被挤压至死。视界是无法返回的界限，任何落入其中的东西都不会再出来。

当你接近视界时，会发生更奇怪的事情。例如，你会遇到可能被捕获了数十亿年且仍在绕恒星运行的光束。脚上的引力会大于头上的引力，因此你会像意大利面条一样被拉伸。实际上，这种像面条一样被拉伸的情况非常严重，甚至你体内的原子也会被拉开并最终瓦解。

从远处观看这一非凡事件，视界边缘处的宇宙飞船内的时间似乎逐渐变慢了。站在局外人的角度，随着飞船驶向视界，时间似乎逐渐停止。值得注意的是，船上的宇航员认为时间是正常的——直到他们被撕裂以前。

这个概念实在奇怪，以至于数十年来一直被认为是科幻小说的情节，是爱因斯坦方程式奇怪的副产品，并不存在于现实世界。天文学家亚瑟·爱丁顿（Arthur Eddington）曾写道："应该有一种自然法则以防止恒星以这种荒谬的方式行事！"

对此，爱因斯坦甚至写了一篇论文，在正常条件下永远不会形成黑洞。1939年，他证明了一个旋转的气体球永远不会被引力压缩到视界之内。

具有讽刺意味的是，同年，罗伯特·奥本海默和他的学生哈特兰·斯奈德（Hartland Snyder）阐明，黑洞确实可以形成于爱因斯坦没有预见到的自然过程。如果观察一颗比太阳大10—50倍的巨型恒星，当其核燃料耗尽时，可能会爆炸而形成超新星。如果爆炸的残余是一颗被引力压缩到其视界的恒星，它可能会坍缩为黑洞。太阳的质量不足以经历一次超新星爆炸，其视界约2英里（约3.2公里）。没有已知的自然过程会将太阳压缩到2英里（约3.2公里），因此太阳不会成为黑洞。

物理学家发现，至少有两种类型的黑洞。第一种类型的黑洞即如上所述的巨星遗迹。第二种类型的黑洞位于星系中心，这些银河系黑洞的质量可能比我们的太阳大数百万甚至数十亿倍。许多天文学家相信，每个星系的中心都有黑洞。

近几十年来，天文学家已在太空中辨认出了数百个可能的黑洞。在我们银河系的中心有一个巨大的黑洞，其质量是太阳质量的二百万到四百万倍，它位于人马座。（不幸的是，尘埃云遮盖了该区域，因此我们看不到它。但如果尘埃云消失了，那么，每天晚上，一个巨大、炽烈的恒星火球将照亮夜晚的天空，也许还胜过月亮——黑洞位于其中心。这确实是一幅壮观的景象。）

当量子理论被应用到引力时，出现了最新的有关黑洞的令人兴奋的事情。这些计算源源不断地给出出乎意料的结果，挑战我们想象力的极限。结果表明，引领我们探索这片未知领域的理论指南已完全失效。

史蒂芬·霍金是剑桥大学的研究生，一个普通的年轻人，没有太多的方向和目标。他接受了成为物理学家的培养，但他的心不在那儿。显然，他很聪明，但他似乎并不专心。而后，有一天，他被诊断出患有肌萎缩性侧索硬化症（ALS），并被告知会在两年内死亡。尽管他的智力未受影响，但身体会迅速崩溃，所有的功能逐渐丧失直到去世。他非常沮丧，内心恐惧，意识到自己此前的生命实在颓废。

他决定将余生奉献于有益的事情。对他来说，这意味着解决物理学中最大的问题之一：将量子理论应用于引力。幸运的是，其疾病的恶化速度比医生的预测慢得多。因此，即使他被限制在轮椅上并失去了对四肢乃至声带的控制能力，仍能继续在这一新领域进行突破性的研究。霍金曾邀请我在他组织的一次会议上发表演讲。我高兴地参观了他的房子，并对他身边的各种小工具感到惊讶。一个设备是翻页器，你可以将日记放入此装置，它将自动翻页。他决心不让疾病影响自己偏离其人生目标，其决心之大给我留下了深刻的印象。

那时，大多数理论物理学家都在研究量子理论，一小撮离经叛道者和顽固分子仍试图找到爱因斯坦方程的更多解。霍金问了自己一个不同但深刻的问题：将相对论和量子理论这两个体系结合起来，将量子力学应用于黑洞，会发生什么？

他意识到计算引力的量子修正的问题太难解决。因此，他选择了一个简单一些的任务：仅计算黑洞内的原子的量子修正，忽略复杂的引力子的量子修正。

他对黑洞的认识越多，越意识到出了问题。他开始怀疑传统的观点：任何东西都不能从黑洞逃逸。这个说法违反了量子理论。在量子力学中，一切都是不确定的。黑洞看起来很黑，是因为它能吸收一切东西。不过，绝对的黑度违反了不确定性原理，因此黑度也必须是不确定的。

他得出了具有革命性的结论：黑洞一定会发出非常微弱的量子辐射。

然后，霍金证明，黑洞发出的辐射实际上是黑体辐射的一种形式。他认识到，真空并非彻底的虚无状态，其中一定存在量子活动。他据此计算了黑洞辐射。在量子理论中，即使是虚无，也处于持续不断翻腾打转的不确定状态——电子和反电子可能突然从"真空"中跳出，发生碰撞并消失回到"真空"中。因此，虚无中仍有量子活性的泡沫。然后，他意识到，如果引力场足够强，可以在"真空"中产生电子-反电子对，从而形成所谓的虚拟粒子。如果其中一个成员落入黑洞，而另一个粒子逸出，这就构成了所谓的霍金辐射。产生这对粒子的能量来自黑洞引力场中包含的能量。根据霍金辐射，由于第二个粒子永远离开黑洞，则意味着黑洞的物质和能量的净含量及其引力场将减小。

我们将这称为黑洞蒸发，它描述了所有黑洞的最终命运：它们将轻微地辐射（霍金辐射）达数万亿年，直到耗尽所有辐射并在炙热的爆炸中死亡。因此，黑洞也具有有限的寿命。

可以推演，千万亿年后，宇宙将因恒星耗尽了所有的核燃料而变得黑暗。在那个黯淡的时代，只有黑洞能够生存。最终，黑洞也必然被蒸发掉，只剩下漂移的亚原子粒子海洋。霍金问了自己另一个问题：如果把书扔进黑洞会怎样？那本书中的信息会永远丢失吗？

根据量子力学，信息永远不会丢失。即使你烧掉一本书，也可以通过单调乏味地分析已烧掉的纸张的分子对其进行重建。

但是，霍金说，投掷在黑洞中的信息确实会永远丢失。显然，量子力学在黑洞中遭遇了失败。这可捅了马蜂窝，引起了巨大的争议。

如前所述，爱因斯坦曾经说过，"上帝不会与世界玩骰子"，也就是说，你不能将一切都归结到机会和不确定性上。霍金补充道："有时，上帝会将骰子扔到你找不到的地方"，也就是说，骰子可能落入黑洞，量子定律可能失效。因此，当你超越视界时，不确定性规律会失效。

从那时起，许多物理学家开始为量子力学辩护。他们阐明，在诸如弦理论（我们将在下一章讨论）一类的高级理论中，即使在存在黑洞的情况下也可以保留信息。最终，霍金承认，自己也许错了。同时，他提出了自己的新解答，"也许，当你将书扔进黑洞时，信息并不会如他曾想象的那样永远消失，而是以霍金辐射的形式流失，重建原来的书籍所必需的所有信息已编码在微弱的霍金辐射里。"

总之，信息是否会在黑洞中丢失，仍然是学界激烈争论的话题。也许，必须等到包含引力子量子修正的终极的引力量子理论出现，才能得到答案。在这期间，霍金转向了下一个令人困惑的问题，涉及量子理论与广义相对论的结合。

方宇程宙 穿越虫洞

如果黑洞吞噬了所有东西，那么，所有的这些东西去了哪儿？

简短的答案是，不知道。问题也许要通过量子理论与广义相对论的统一来解决。

只有当我们最终找到了引力的量子理论（不仅是物质的量子理论）时，才能回答这个问题：黑洞的另一端是什么？

但是，如果我们盲目地接受爱因斯坦的理论，就会陷入麻烦，因为其方程式预测，引力在黑洞正中心或时间开始的瞬间为无穷大，这显然是荒谬的。

1963年，数学家罗伊·克尔（Roy Kerr）为爱因斯坦的旋转黑洞方程组找到了全新的解。在这之前，在史瓦西的工作中，黑洞会坍缩成一个固定的微细小点（奇点），奇点中的引力场变为无穷大。不过，如果针对一个旋转的黑洞分析爱因斯坦的方程式，克尔发现会有奇怪的事情发生。

第一，黑洞不会坍缩成一个点。相反，它会塌陷为一个飞速旋转的环。（旋转环上的离心力足以防止它在自身的引力作用下坍缩。）

第二，如果你掉入环中，很可能不会被碾压致死，而是穿过环。环内部的引力实际上是有限的。

第三，数学表明，当你通过圆环时，可能进入了平行的宇宙。你真实地离开了我们的宇宙，进入了另一个姊妹宇宙。设想有两张纸，一张叠在另一张之上。然后，用吸管穿过它们。通过吸管，你能离开一个宇宙并进入平行宇宙。我们将这种吸管称为虫洞。

第四，当你重新进入环时，可能会继续走向另一个宇宙。就像在公寓楼里乘电梯一样，从一层到另一层，从一个宇宙到另一个宇宙。每次重新进入虫洞，你都可能进入一个全新的世界。因此，这引入了黑洞的令人震惊的新图景。在一个旋转的黑洞的正中央，我们发现了类似于爱丽丝魔镜的东西。魔镜的一端，我们身处英格兰牛津的宁静乡村。但是，如果你将手伸入魔镜，则可能会被卷到其他什么地方。

第五，如果你成功地穿越了环，也有机会最终落到你原来的宇宙的某个遥远区域。因此，虫洞也可以像地铁系统，在时空上走一条看不见的捷径。而计算表明，你也许能以比光速更快的速度移动，甚至可以在时间上回退到过去，也许还不违反已知的物理定律。

这些离奇的结论，无论多么离谱，都不能被轻易摒弃，因为它们是爱因斯坦方程式的解，且它们描述的还是旋转的黑洞。今天，这种黑洞是我们认为最常见的一种。

实际上，虫洞是爱因斯坦本人于1935年在他与纳森·罗森（Nathan Rosen）的论文中首次引入的。他们想象了两个黑洞连接在一起的情况，在时空上类似于两个漏斗。如果你掉入一个漏斗，将从另一个漏斗的末端被推出而不会被碾死（见图10）。

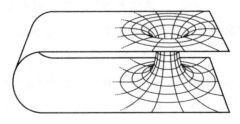

图10　两个黑洞相连。原则上，通过虫洞，人们可以到达另一星系甚至回到过去。

T. H. 怀特（T. H. White）的小说《曾经与未来之王》中有一句经典的话，"一切不被禁止的都是必然出现的。"实际上，物理学家很重视这一说法。除非有禁止某个现象的物理定律，否则，它可能存在于宇宙中的某个地方。

例如，尽管虫洞很难制造众所周知，但一些物理学家推测，虫洞可能在时间开始时就已经存在了，然后在大爆炸之后扩张了。也许，它们是自然存在的。有一天，我们的望远镜可能在实际的太空中看到一个虫洞。尽管虫洞激发了科幻小说家的想象力，但要在实验室中真实创建一个虫洞却非常困难。

首先，你需要聚集大量的正能量（相当于黑洞的能量）才能打开穿越时空的通道。仅此一项就需要非常先进的技术。因此，业余发明家在其地窖实验室中创建虫洞的可能性变得极低。

其次，这种创建的虫洞不稳定并会自行关闭，除非有人添加一种新的、奇特的成分，负物质或负能量，它们与反物质完全不同。负物质和负能量具有排斥性，可以防止虫洞坍缩。

物理学家从未见过负物质。实际上，它会服从反引力作用，因此它会"掉上去"而不是"掉下来"。如果负物质在数十亿年前存在于地球上，那么，它将被地球的引力所排斥，并被抛到外层空间。因此，我们在地球上发现负物质不值得期望。

与负物质相反，负能量在实际中真实存在，但因能量太小而没有实用价值。只有非常先进的文明，也许比我们先进几千年，才能创造出足够的正能量和负能量以制造虫洞，然后防止其崩溃。（量子理论预测，在原子尺度上，负能量能以卡西米尔效应的形式存在。该效应已通过实验验证，但因太小而无法使用。因此，确实存在负能量，但在现实意义上又不存在。）

再次，引力本身的辐射（称为引力子辐射）也许就足以引起虫洞爆炸。

最后，关于当你陷入黑洞时会发生什么事情的问题，其终极答案必须等待正确的、物质和引力都能量子化的包罗万象的万能理论。

一些物理学家认真地提出了一个有争议的想法，即当恒星掉入黑洞时，它们不会被压碎成奇点，而是被吹出到另一侧，从而形成一个白洞。白洞遵循与黑洞完全相同的方程式，只是时间箭头相反，因此物质从白洞中喷涌而出。物理学家一直寻找着太空中的白洞，但迄今为止并无结果。提出白洞的目的是，也许大爆炸原本是一个白洞，而我们在天上看到的所有恒星和行星都是从白（黑）洞中甩出来的——大约140亿年前。

关键在于，只有万能理论才可以告诉我们黑洞的另一端是什么。只有计算出对引力的量子修正，才能回答虫洞引起的最深层的问题。

但是，如果虫洞有可能于某一天带我们瞬间跨越整个银河系，那么，它有可能带我们回到过去吗？

时间旅行

自 H. G.威尔斯（H. G. Wells）的《时间机器》开始，时间旅行便成为了科幻小说的主题。我们可以在三个维度（向前、向侧面、向上）上自由移动，因此也许有一种方法可以在第四维度（时间）中移动。威尔斯设想进入一台时间机器，旋转时间表盘，然后飞越几十万年，直到公元802701年。

自那以后，许多科学家尝试研究时间旅行的可能性。当爱因斯坦在1915年首次提出引力理论时，他担心自己的方程式可能会扭曲时间，以至于人们可以回到过去，他相信这将表明他的理论存在缺陷。但是，这个令人困扰的问题于1949年成为了现实。当时他在普林斯顿大学著名的高等研究院的邻居，伟大的数学家库尔特·歌德尔（Kurt Gödel）发现，"如果宇宙旋转，且一个人可以足够快地绕着旋转的宇宙行进，他就可以回到过去，即返回到离开起点之前。"这种非正统的解使爱因斯坦大为震惊。爱因斯坦在回忆录中得出结论，即使时间旅行在歌德尔的宇宙中是可能的，也可以"在物理基础上"摒弃它，即宇宙膨胀且没有旋转。

现在，尽管一些物理学家仍然不相信时间旅行的可能性，但他们却非常严肃地看待这个问题。已经发现了多种爱因斯坦方程式的解，可以进行时间旅行。

对牛顿来说，时间就像一支箭。一旦发射，它将一分不差地在整个宇宙中以匀速前进。地球上的一秒钟也是太空中的一秒钟。时钟可以在宇宙中的任何地方同步。然而，对爱因斯坦来说，时间更像一条河。当它蜿蜒穿过恒星和星系时，它可能会加速或减速。时间可以在宇宙各地以不同的速度行进。然而，新的图景表明，时间的河流中也许还存在着可能将你冲回到过去的漩涡（物理学家称其为CTC）。又或者，时间线会分裂，创造出两个平行的宇宙。

霍金对时间旅行非常着迷，以至于他向其他物理学家提出了挑战。他认为，必然存在一个尚未被发现的隐藏的物理定律，即他称之为的时间顺序保护猜想，一劳永逸地排除了时间旅行。但是，无论如何努力，他仍然无法证明这一假设。显然，这意味着时间旅行仍然存在科学上的可能性。

霍金靠脸颊控制电脑说话，他说时间旅行不可能的原因在于："从未来归来的游客在哪儿？"任何重大的历史事件，一定会有成群的带着相机的游客，疯狂地试图获得事件的最佳画面，以向未来的朋友展示。

请暂且考虑一下，如果你拥有一台时间机器，你可能会搞哪些恶作剧。时间倒流，你可以在股票市场上押注并成为亿万富翁；你可以更改过去事件的进程，历史将无法再书写，历史学家将失业。

当然，时间旅行的确存在许多严重的问题，有许多与时间旅行相关的逻辑悖论，例如：

·使现在变成不可能：如果时间倒流，你与幼童时期的祖父见面并杀死了他，你如何能存在？

·来自不明出处的时间机器：未来的某人将带你穿越时空。多年后，你将时间倒流，并将时间旅行的秘密传递给了年轻的自己。那么，时间旅行的秘密究竟来自何方？

·成为自己的母亲：科幻小说作家罗伯特·海因莱因（Robert Heinlein）撰写过有关自己改写家谱的文章。假设一个孤女长大，但变成了一个男人。然后，男人回到过去，认识了自己（这个孤女），并有了一个女婴。然后，该男子将女婴带回到更早的时候，并将婴儿送至同一个孤儿院，然后重复该过程。这样，她成为了自己的母亲、女儿、祖母、孙女等。

最终，解决所有这些悖论的终极方案可能来自完整的量子引力理论的公式化表达。例如，也许当你进入一台时间机器时，你的时间线可能会分裂，并创建出一个并行的量子宇宙。假设你回到过去，去拯救亚伯拉罕·林肯在福特剧院免遭暗杀。那么，也许你的确拯救了亚伯拉罕·林肯，但那是发生在一个平行的宇宙中。因此，你原来的宇宙中的亚伯拉罕·林肯死了，并未发生任何改变。这里，宇宙已经分裂为两个，你已经将林肯总统保存在一个平行宇宙中。

因此，假设时间线可以分裂为两个平行的宇宙，那么，所有时间旅行的悖论都可以得到解决。

只有当我们能够计算之前一直忽略的量子修正时，才能确定地回答时间旅行的问题。物理学家已经将量子理论应用于恒星和虫洞，但关键的问题是要通过引力子将量子理论应用于引力本身，这必须使用万能理论。

这个讨论提出了一些有趣的问题。量子力学可以充分解释大爆炸的本质吗？应用于引力的量子力学能否回答科学的重大问题之一：大爆炸之前发生了什么？

宇宙是怎样产生的？

宇宙从何而来？是什么启动了宇宙？这些也许是所有神学和科学问题中最伟大的问题，引起了无休止的推测和思索。

　　古埃及人认为，宇宙始于漂浮在尼罗河中的一个宇宙蛋。一些波利尼西亚人认为宇宙始于一个宇宙椰子。基督徒相信，当上帝说："要有光"时，宇宙就开始运转了。

　　宇宙的起源使物理学家着迷，特别是当牛顿提出引人注目的引力论的时候。但是，当牛顿试图将他的理论应用于我们在周围看到的宇宙时，他遇到了难题。

　　1692年，牛顿收到理查德·本特利（Richard Bentley）牧师的一封令人不安的信。在这封信中，本特利请牛顿解释他的理论中的一个隐藏的，也许是颠覆性的漏洞。如果宇宙是有限的，且万有引力始终是引力而不是排斥力，那么终极宇宙中的所有恒星将相互吸引。实际上，只要有足够的时间，它们一定会合并为一颗巨大的恒星。因此，有限的宇宙应该是不稳定的，最终必然崩溃。既然这种情况没有发生，那么，牛顿的理论一定存在漏洞。

　　接下来，他认为牛顿定律预言了不稳定的宇宙。在一个宇宙中，有无穷的恒星，从左侧和右侧拉动一颗恒星的所有力的总和也是无穷的。因此，这些无穷的力最终会将恒星撕裂，故而所有恒星都将解体。

　　牛顿对这封信感到极度不安，因为他此前从未考虑过将其理论应用于整个宇宙。最终，牛顿为这个问题想出了一个巧妙但不完备的答案。

　　是的，他承认，如果引力总是吸引的，从不排斥，那么宇宙中的恒星可能会变得不稳定。这种说法存在漏洞。假设宇宙在各个方向上平均而言完全均匀且无限，在这样的静态宇宙中，所有引力将相互抵消，宇宙再次变得稳定。对于任何恒星，来自所有遥远恒星在不同方向上作用于它的引力的总和终究为零，因此宇宙不会坍缩。

　　尽管这是解决此问题的巧妙方法，但他明白这样的解答仍然存在问题。宇宙平均而言可能是均匀的，但不可能在所有点上都是完全均匀的，因此必然存在微小的偏差。就像纸牌屋一样，它看起来很稳定，但最小的瑕疵也能导致整个结构的坍塌。牛顿非常聪明，他知道均匀的宇宙虽然是稳定的，但仍然摇摇欲坠。换句话说，无穷的力的抵消必须无限地精确，否则宇宙将崩溃或裂开。

因此，牛顿的最终结论是，宇宙平均而言是无限且均匀的，但上帝偶尔也需要轻微调整下宇宙中的恒星，使得它们不会在引力的作用下坍缩。

方宇程宙 为何夜空是黑色的

这又引出了另一个问题。如果宇宙果真如此，那么，无论我们在何处观察太空，其目光最终都会遇上一颗恒星。由于有无数的恒星，因此必然有无数的光从各个方向进入我们的眼睛。按照这个逻辑，夜空应该是白色的，而不是黑色的。这就是所谓的奥伯斯悖论。

历史上一些伟大的思想家试图解决这个棘手的问题。例如，开普勒声称宇宙是有限的，从而排除了悖论。其他人则认为尘埃云遮蔽了星光。但这不能解释该悖论，因为在无限长的时间内，尘埃云开始加热，然后发出类似于恒星的黑体辐射。于是，宇宙又变成白色的了。

最终答案由埃德加·爱伦·坡（Edgar Allan Poe）在 1848 年给出。爱伦·坡是一名对悖论着迷的业余天文学家，他说，"如果我们回到足够远的过去，一定会到达宇宙开始的那个断点。因此，夜空是黑色的。"换句话说，夜空的黑色是因为宇宙具有有限的年龄。我们不会从无限的过去接收光（那会使夜空变白），因为宇宙从来没有无限的过去。这意味着凝视最远恒星的望远镜最终将到达大爆炸本身的黑色。

这里，真正令人惊讶的是，仅依据纯粹的思维而无需任何实验就能得出"宇宙必然有一个起点"的结论。

方程宇宙　广义相对论与宇宙

1915年，在爱因斯坦提出广义相对论的时候，他不得不面对这些令人困惑的悖论。

20世纪20年代，在爱因斯坦首次试图将其理论应用于宇宙本身时，天文学家就告诉他，"宇宙是静止的，既不会膨胀也不会收缩。"但当时的爱因斯坦发现自己的方程里有些扰动。在他试图排除干扰的时候，方程式告诉他宇宙是动态的，也许膨胀也许收缩。（这确实是理查德·本特利所提出的问题的解决方案，虽然他当时还没有意识到这一点。因为膨胀，宇宙克服了坍缩的趋势，所以宇宙并未在引力的作用下坍缩。）

为了找到一个静止的宇宙，爱因斯坦被迫在自己的方程中添加了一个含糊的因子（称为宇宙常数）。通过手工调整它的值，可以消除宇宙的膨胀或收缩。

后来，1929年，天文学家爱德文·哈勃（Edwin Hubble）使用威尔逊山天文台的望远镜获得了惊人的发现。就像爱因斯坦最初预测的那样，宇宙在膨胀。他通过分析遥远星系的多普勒频移获得了这一历史性发现。（当恒星渐渐远离我们时，其光波的波长会伸长，从而使其略带红色。当恒星朝我们移动时，波长将被压缩，变为略带蓝色。通过仔细分析星系，哈勃发现，平均而言，银河系发生了红移，因此正远离我们而去，宇宙正在膨胀。）

1931年，爱因斯坦访问了威尔逊山天文台，并与哈勃会面。爱因斯坦被告知宇宙常数是不必要的，因为宇宙在不断膨胀，他承认宇宙常数是自己的"致命失误"。（实际上，正如我们即将看到的那样，近年来宇宙常数又卷土重来了。因此，即使是他的失误，也似乎打开了全新的科研领域。）

还可以更进一步，去计算宇宙的年龄。由于哈勃可以计算出星系移动的速率，因此可以"将录像带回放"，计算这种膨胀发生了多长时间。最初，关于宇宙年龄的答案是18亿年。这很尴尬，众所周知，地球的年龄也比它大，46亿年。幸运的是，普朗克卫星的最新数据将宇宙年龄确定为138亿年。

方宇程宙 大爆炸的量子余晖

当物理学家开始将量子理论应用于大爆炸时，发生了又一次的宇宙学革命。出生于俄国的美国核物理学家乔治·伽莫夫（George Gamow）想到，如果宇宙是由巨大的超热爆炸开始的，那么，其中的一些热量在今天是否仍然存在。如果我们将量子理论应用于大爆炸，那么，原始的火球一定是一个量子黑体辐射体。由于黑体辐射的特性众所周知，因此作为大爆炸的余晖或回声的这个辐射值确有可能被计算出来。

利用1948年获得的原始实验数据，伽莫夫及其同事拉尔夫·阿尔菲（Alpher Asher）、罗伯特·赫尔曼（Robert Herman）计算出，大爆炸的余晖温度比绝对零度约高5度，这是宇宙冷却数十亿年后的温度。

这一预测于1964年得到了证实，当时，阿诺·彭齐亚斯（Arno Penzias）和罗伯特·威尔逊（Robert Wilson）利用巨大的霍姆德尔（Holmdel）射电望远镜探测到了太空中的这种残留辐射。起初，他们以为背景辐射或是设备缺陷所致。据说他们在普林斯顿大学演讲时，听众中有人调侃，"要么你发现了鸟粪，要么你发现了宇宙起源。"这使他们意识到了错误（并非设备缺陷）。为了检验，他们必须小心翼翼地从射电望远镜上刮下所有的"鸽粪"。

今天，微波背景辐射已成为大爆炸最有说服力且令人信服的证据。如预测的那样，来自卫星的背景辐射照片显示出，能量（残留辐射）均匀分布在宇宙各处，均匀分布在一个"火球"上。（当你在收音机上听到静电时，其中的某些静电实际上来自大爆炸。）

事实上，这些卫星照片现在已精确到可以在背景辐射中检测出量子不确定性原理所导致的涟漪。在宇宙诞生的瞬间，应该有引起这些涟漪的量子涨落，完全平滑的大爆炸违反不确定性原理。这些涟漪最终会随着大爆炸而扩大，创造了我们看到的星系。（实际上，如果我们的卫星没有在背景辐射中检测到这些量子涟漪，那么它们的缺失会破坏将量子理论应用于宇宙的希望。）

这给了我们一幅与量子理论有关的非凡的新图景。我们得以存在于数十亿个星系中的银河系的事实，实际上是由于原始大爆炸中的这些微小的量子涟漪所致。你今天所看到的一切，数十亿年前只是背景辐射中的一个小点。

将量子理论应用于引力的下一步，是将量子理论和标准模型的经验应用于广义相对论。

方宇 程宙 膨胀

受到20世纪70年代标准模型成功的鼓舞，物理学家阿兰·古斯（Alan Guth）和安德烈·林德（Andrei Linde）都曾自问：从标准模型和量子理论中学到的经验可以直接应用于大爆炸吗？

这是一个新颖的问题，因为尚未有人将标准模型应用于宇宙学。古斯注意到，关于宇宙大爆炸有两个无法解释的令人费解的问题。

第一，平坦度问题。爱因斯坦的理论指出，时空的结构应具有轻微的曲率。但是，当分析宇宙的曲率时，它似乎比爱因斯坦的理论所预测的要平坦得多。实际上，宇宙在实验误差之内似乎是完全平坦的。

第二，均匀问题。宇宙实在太均匀。在大爆炸中，原始火球内应该有不规则和不完善之处。现实中，无论我们注视天空任何方向，宇宙似乎完全均匀。

这两个问题都可以求助于量子理论，利用被古斯称为膨胀的现象来解决。首先，根据这个理论，宇宙先经历了一个"涡旋式增强"膨胀过程，这比最初为大爆炸设想的要快得多。这种奇妙的膨胀使宇宙变得平坦，且消除了原始宇宙所具有的任何曲率。

其次，原始宇宙可能是不规则的，但原始宇宙中的一小块是均匀的，并膨胀到了较大规模。因此，这可以解释为什么今天的宇宙看起来如此均匀，因为我们来自导致大爆炸的那个大火球的一个细小而均匀的碎片。

膨胀的启示是深远的。这意味着人类在我们周围看到的可见宇宙实际上是一个更大的宇宙中的一个微细的、无穷小的部分。大宇宙距离我们太遥远，以至于我们永远不能看到它。

但说到底，导致宇宙膨胀的原因是什么？为什么宇宙会持续膨胀？于是，古斯从标准模型中找到了灵感。在量子理论中，你从对称性开始，然后用希格斯玻色子打破它，可以得到我们看到的周围的宇宙。类似地，古斯随后提出理论，也许有一种新型的希格斯玻色子（称为暴涨子）使膨胀成为可能，"像原来的希格斯玻色子一样，宇宙开始于一个假真空，该假真空给我们带来一个快速膨胀的时代。随后，在暴涨子场中出现了量子泡沫，在气泡内部出现了真真空，快速膨胀停止了。我们的宇宙就是这些气泡之一。在气泡中，宇宙放慢了速度，给我们带来了今天的膨胀。"

迄今为止，膨胀似乎符合天文数据。它是当前的主导理论，但也带来了意外的结果——如果我们引用量子理论，大爆炸会一次又一次地发生，我们的宇宙之外也许不断诞生着新宇宙。

这意味着我们的宇宙只是宇宙泡泡浴中的单个气泡，这将创造出由平行宇宙构成的多元宇宙。同时，它仍然留下了一个棘手的问题：什么是膨胀的推动力？正如我们将在下一章中看到的，这需要更高级的理论——万能理论。

逃逸的宇宙

广义相对论不仅使我们对宇宙的开端有了空前的认识，还使我们对宇宙的终极命运有所了解。当然，古代宗教给了我们时间终结的鲜明印象。古代的维京人相信，当一场巨大的暴风雪席卷整个星球时，世界将终结于仙境传说或诸神的黄昏，那时诸神将与他们的天敌进行最后的决斗。对基督徒而言，《启示录》预言了灾难和大洪水。

对物理学家来说，传统上事物的终结有两种方案。第一种方案，如果宇宙的密度过低，那么来自恒星和星系的引力不足以逆转宇宙膨胀，宇宙将永远膨胀并在"大冷冻"中缓慢死亡。恒星最终会耗尽所有的核燃料，天空变黑，甚至黑洞也将蒸发。宇宙将终结于超冷的、无生命的大海，亚原子粒子在大海中漂移。

第二种方案，如果宇宙足够密集，那么来自恒星和星系的引力足以逆转宇宙膨胀。然后，恒星和星系最终将坍缩成一场"大崩溃"。在这个过程中，温度会飙升，宇宙中的所有生命被吞噬。（一些物理学家猜想，宇宙可能随后会在另一次大爆炸中反弹，形成一个振荡的宇宙。）

不过，1998年，天文学家做出了惊人的预言，推翻了许多我们过去珍视的观点，并迫使我们修改教科书。通过分析整个宇宙中遥远的超新星，他们发现宇宙并未像以前认为的那样放慢膨胀速度，而是在不断加速。实际上，它正在进入逃逸模式。

此时，他们不得不修改前面提到的两种方案，出现了一个新的理论。也许，宇宙会死于所谓的"大撕裂"，宇宙的膨胀会加速到令人目眩的速度。宇宙会迅速地膨胀，以至于夜空变为绝对黑暗（因为光线无法从邻近的恒星到达我们），同时万物趋近于绝对零度。

在这样的温度下，生命将不复存在，甚至外层空间中的分子也将失去能量。

导致这种逃逸式膨胀的原因可能是爱因斯坦在20世纪20年代丢弃的东西：宇宙常数、真空的能量（今天称暗能量）。令人惊讶的是，宇宙中的暗能量数量巨大。宇宙中所有物质和能量的68.3%都以这种神秘的形式存在。（总的来说，暗能量和暗物质构成了大部分物质/能量，但它们是两种不同的实体，不应相互混淆。）

具有讽刺意味的是，这无法用任何已知的理论去解释。如果人们试图盲目地计算宇宙中暗能量的数量（使用相对论和量子理论的假设），会发现该值比实际值大10^{120}倍！

这是整个科学史上最大的误差。风险实在太高，宇宙本身命悬一线。

逃逸式的膨胀可以告诉我们，宇宙本身将如何死亡。

宇宙方程 需要引力子

尽管对广义相对论的研究停滞了数十年，但量子理论在相对论中的最新应用却开辟了意想不到的崭新前景，特别是随着强大的新仪器投入使用，新的研究蓬勃开展起来。

但到目前为止，我们仅讨论了将量子力学应用于在爱因斯坦理论的引力场内运动的物质。我们还未讨论一个更困难的问题：以引力子的形式将量子力学应用于引力本身。

我们遇到的最大问题是寻找引力的量子理论，数十年来该问题一直困扰着世界各地的伟大物理学家。这里，让我们先回顾一下迄今所学的知识。记得当年我们将量子理论应用于光时，我们引入了光子，即光的粒子。光子移动的时候，它的周围环绕着电场和磁场。这些电磁场持续振荡，渗透到周围空间，且遵循麦克斯韦方程。这就是为什么光既具有粒子性质，又具有波状性质的原因。麦克斯韦方程组的威力在于对称性，即电场转化为磁场、磁场又转化为电场这种相互转化的能力。

当光子撞击到电子时，描述这种相互作用的方程式给出的结果是无穷大。但是，使用费曼、施温格、朝永振一郎（Tomonaga）和其他许多人设计的技巧，我们可以将所有的无穷大隐藏起来。由此产生的理论称为量子电动力学。接下来，我们将此方法应用于核力。用杨-米尔斯场来替代原来的麦克斯韦场，并用诸如夸克、中微子等一系列粒子替代电子。然后，我们应用由胡夫特和他的同事设计的一系列新技巧，以再次消除所有的无穷大。

于是，现在可以将宇宙四种力中的三种统一成一个单一的理论——标准模型。这个理论不漂亮但奏效，因为它是通过将强核力、弱核力、电磁力的对称性拼凑而创建。然而，当我们将这种久经检验的方法应用于引力时，却遇到了问题。

理论上，引力粒子应称为引力子。与光子类似，它是一个点粒子。当它以光速运动时，它被服从爱因斯坦方程的引力波包围。

实际上，当引力子碰到其他引力子或原子的时候，问题出来了：碰撞会得出无穷大的结果。当人们试图运用过去70年探索出来的各种技巧时，我们发现毫无效果。21世纪最聪明的头脑努力试图解决这一问题，但目前仍没有人取得成功。

显然，必须使用一种全新的方法，因为所有简单的想法都已被研究并抛弃。我们需要真正新鲜的东西。这将我们引向物理学中最具争议的理论——弦理论。事实上，弦理论很可能已经恰好疯狂到足以成为万能理论。

6 弦理论的崛起、希望和问题

之前，我们已经看到，1900年前后，物理学有两个重要的支柱：牛顿的万有引力定律和麦克斯韦的光学方程。爱因斯坦意识到这两个伟大的支柱存在冲突，其中之一或许会倒塌。牛顿力学的衰落推动了20世纪伟大的科学革命。

今天，历史可能正在重演。再一次，我们出现了两个伟大的物理学支柱。一方面，我们有了宏观层面的爱因斯坦引力理论，它给了我们黑洞、大爆炸和不断膨胀的宇宙。另一方面，我们有了微观层面的量子理论，它解释了亚原子粒子的行为。问题在于，它们仍然存在冲突，它们基于两种不同的原理、数学和哲学依据。

我们期望的下一次伟大革命是这两大支柱的统一。

方程宇宙 弦理论

这一切始于1968年，当时，两位年轻的物理学家加布里埃尔·维尼齐亚诺（Gabriele Veneziano）和铃木真彦（Mahiko Suzuki）浏览数学书籍时，偶然发现了数学家欧拉在18世纪建立的一个奇怪的公式。这个奇怪的公式似乎描述了两个亚原子粒子的散射。18世纪的抽象公式怎么可能描述原子击碎装置的最新结果呢？

后来，包括南部阳一郎（Yoichiro Nambu）、霍尔格·尼尔森（Holger Nielsen）和莱昂纳德·萨斯坎德（Leonard Susskind）在内的物理学家意识到，该公式的特性是描写了两个弦的相互作用。很快，这个公式被推广到表示多弦散射的一整套方程式。实际上，这正是我的博士论文，计算了任意数量的弦的完整相互作用集，后来的研究者又将自旋粒子引入了弦理论。

弦理论就像一口油井，突然喷涌出了许多新的方程式。我个人对此并不满意，因为自从法拉第以来，代表物理学的一直是简明扼要地总结大量信息的各种场。相比之下，弦理论是不相干的方程式的集合。然后，我和同事吉川圭二（Keiji Kikkawa）成功地用场论语言编写了全部的弦理论，并创建了所谓的弦场理论[1]。整个弦理论完全可以利用我们的理论总结为一个短小的场论方程式。

由于大量新的方程式的出现，新的图景展开。为什么会有这么多粒子？像 2 000 年前的毕达哥拉斯那样，弦理论说，每个音符（弦的每个振动）都代表一个粒子。那么，电子、夸克、杨-米尔斯粒子不过是同一根振动弦上的不同音符。

促使该理论变得强大且有趣的是，引力被包括在内。在没有任何额外假设的情况下，引力子是弦的最低阶振动之一。实际上，即使爱因斯坦从未出生，也可以仅通过观察弦的最低振动来发现他的整个引力理论。

正如物理学家爱德华·威滕（Edward Witten）所说："弦理论极具吸引力，所有已知自洽的弦理论都包含引力。众所周知，引力在量子场论中是不可能的，但在弦理论中却是必不可少的。"

方程宇宙 十维时空

不过，随着弦理论的发展，越来越多的、奇妙的、出乎意料的特征开始显现。例如，人们发现，该理论只能存在于十维时空里！

这震惊了物理学界，因为没人见过这样的东西，任何理论都可以用自己喜欢的任何维度表达。实际中，由于我们生活在显著的三维世界，理解四维以上的理论会显得困难。（我们只能向前、侧面、上下移动。如果增加时间，则需要四个维度来定位宇宙中的事件。例如，我们想在曼哈顿与某人相见，我们会说，我们在第五大道42街的拐角处见面，位置10楼，时间中午。但是，无论如何尝试，我们也无法将维度继续扩展到四维以上。实际上，我们的大脑甚至无法想象如何在更高维的时空中运动。因此，高维弦理论的研究只能使用纯数学完成。）

在弦理论中，时空的维度被固定为十维。在其他维度的时空中，弦理论的数学表达会出现故障而失败。

物理学家在得知弦理论假设人类生活在十维宇宙时表现出的震惊，我至今仍记忆犹新。大多数物理学家认为，这证明了该理论是错误的。曾经，弦理论的主要奠基人之一约翰·施瓦兹（John Schwartz）在加州理工学院的电梯里与理查德·费曼相见时，后者激动地问道："好吧，约翰，你今天的世界是几维的？"

然而，这些年来，物理学家开始逐渐证明所有与之对立的理论都存在致命的缺陷。例如，许多理论由于量子修正无穷大或异常（数学上不自洽），被排除在外。

随着时间的流逝，物理学家开始对下述想法充满兴趣，即我们的宇宙可能是十维的。1984年，约翰·施瓦兹和迈克尔·格林（Michael Green）证明了弦理论没有之前困扰统一场论候选者的所有问题。

如果弦理论是正确的，那么，我们的宇宙可能最初是十维的。十维宇宙不稳定，其中六个维度以某种方式卷曲而变小，无法被人们观测。因此，我们的宇宙可能是十维的，只是我们的原子太大而无法进入那些微小的更高的维度。

方宇程宙 引力子

使弦理论保持活力的一个关键因素是，它成功地结合了物理学的两个伟大理论，广义相对论和量子理论，为我们提供了一种有限的量子引力理论，这让人们感到兴奋。

之前，我提到过，如果将量子修正添加到量子电动力学或杨-米尔斯粒子上，会出现数不胜数的无穷大，必须谨慎而乏味地努力消除它们。

然而，当我们尝试强行结合相对论和量子理论这两个自然界的伟大理论时，所有的努力都遭到了失败。我们将量子原理应用于引力时，必须将引力分解为量子化的能量包，即量子包，一般称为引力子。然后，我们计算这些引力子与其他引力子以及与物质（例如电子）的碰撞。事实是，当我们这样做时，费曼和胡夫特设想的各种窍门都遭遇了惨败。引力子与其他引力子相互作用引起的量子修正为无穷大，物理学家所知的所有方法全部失效。

这里，恰是下一个魔术的出现地，弦理论可以消除困扰物理学家近一个世纪的棘手的无穷大，这种魔术通过对称性展现。

方宇程宙 超对称

从历史的角度看，一般认为让方程具有对称性总是不错的选择，但它只是个罕见而非必需的性质。但在量子理论中，对称性是物理学的最重要特征。

正如已经证实的，当我们计算理论的量子修正时，这些量子修正通常是发散的（无穷大）或异常的（违反了原来的理论的对称性）。物理学家仅在过去的几十年才意识到，对称性不仅是理论中令人愉悦的特征，还是理论的主要成分。对称的理论，通常可以消除困扰非对称理论的发散和异常。对称是物理学家用来征服量子修正释放出的"屠龙刀"。

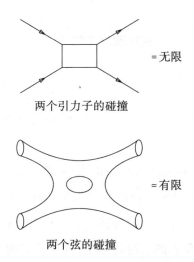

两个引力子的碰撞

=无限

=有限

两个弦的碰撞

图 11　两个引力子的碰撞和两个弦的碰撞。在计算两个引力子的碰撞时（上图），答案是无穷大（有无限的项），因此无意义。但是，当两个琴弦相撞时（下图），我们可以得到两个项，一项来自玻色子，一项来自费米子。在弦理论中，两项完全抵消，这有助于创建一个有限的量子引力理论。

　　正如我们前面提到的，狄拉克发现，他的电子方程式预测到电子具有自旋特性（这是方程式的数学特征，类似于我们在周围看到的熟悉的自旋）。后来，物理学家发现，所有亚原子粒子都有自旋特性。物理学家发现，自旋有两种类型。

　　在某些量子元素中，自旋可以是整数（如 0、1、2）或半整数（如 1/2、3/2）。首先，具有整数自旋的粒子描述了宇宙的力，例如光子和杨-米尔斯粒子（自旋 1）以及引力子（自旋 2）。这些粒子被称为玻色子［以印度物理学家萨特延德拉·纳特·玻色（Satyendra Nath Bose）命名］。因此，自然力是由玻色子介导的。

　　其次，具有半整数自旋的粒子描述了宇宙中的物质，例如电子、中微子、夸克（自旋为1/2）。这些粒子被称为费米子（以恩里克·费米命名），我们可以从中建立原子的其他粒子：质子和中子。因此，构成我们身体的原子是费米子的集合。

两种亚原子粒子

费米子（物质）	玻色子（力）
电子、夸克	光子、引力子
中子、质子	杨-米尔斯粒子

本吉·萨基塔（Bunji Sakita）和让-卢普·格维（Jean-Loup Gervais）证明了弦理论具有一种新型的对称性，超对称性。从那时起，超对称性得到了推广，现在它已成为物理学上有史以来最大的对称性。正如我们强调的，物理学家的美是对称性，它使我们能找到不同粒子之间的联系。然后，我们可以通过超对称性统一宇宙的所有粒子。正如我们强调的，对称性重新排列了目标客体的组成部分，原始客体则保持不变。这里，我们正在重新排列方程式中的粒子，以使费米子与玻色子互换，反之亦然。这成为弦理论的中心特征，因此整个宇宙的粒子可以相互重新排列。

这意味着每个粒子都有一个超级伙伴，称为超粒子或超级粒子。例如，电子的超级伙伴称为超电子，夸克的超级伙伴称为超夸克（或超对称性夸克），轻子（如电子或中微子）的超级伙伴称为超轻子（或伴轻子）。

在弦理论中，一些了不起的事情出现了。在计算弦理论的量子修正时，出现了两个不同的贡献。第一，来自费米子和玻色子的量子修正，它们大小相等符号相反。某一项可能为正号，一定有另一项为负号。实际上，将它们相加，这些项会相互抵消，从而得出有限的结果。

相对论与量子理论的结合困扰了物理学家近一个世纪，但费米子和玻色子之间的对称性（称为超对称性）使我们可以彼此抵消掉许多无限项。不久，物理学家发现了消除这些无限项的其他方法，得出了有限的结果。因此，围绕弦理论的激动人心的观点冒了出来：将引力与量子理论统一。没有其他任何理论可以做到此事，它可能满足了狄拉克的原始宗旨。在这里，我们看到，弦理论无须重整化就已经是有限的了。

第二，这也许能实现爱因斯坦本人曾设想的图景，他曾将引力理论比作光滑、优雅、抛光的大理石。但是，相比之下，物质更像木头，呈现出无规则的几何形态（粗糙的树干、长着木瘤）。他的目标是最终创建一个统一的理论，将大理石和木材结合成一个单一的形式，即创建一个完全由大理石构成的理论，那是爱因斯坦的梦想。

弦理论可以完成这幅图景。超对称可以将大理石变成木材，反之亦然，它们成为同一枚硬币的两个面。在此图景中，大理石以玻色子为代表，木材以费米子为代表。尽管自然界中没有超对称性的实验证据，但它实在太优雅，以至于激发了物理学界的想象。

史蒂文·温伯格曾说，"尽管这些对称性对我们来说是隐藏的，但我们可以感觉到它们在自然界中是潜伏的，统治着我们周围的一切。这是我知道的最令人兴奋的想法：自然界比看起来简单得多。"

感谢物理学家的杰出工作，我们现在认识到，对称性或许是统一宇宙所有定律的关键：

· 对称性使秩序井然有序。在化学元素和亚原子粒子的一片混乱中，门捷列夫元素周期表和标准模型能以整齐、对称的方式重新排列它们。

· 对称性有助于填补空白。对称性能将旧理论中的空白抽出，从而预测新型元素和新型亚原子粒子的存在。

· 对称性意外地将看似无关的研究对象统一了起来。对称性找到了时间和空间、物质和能量、电和磁，以及费米子和玻色子之间的联系。

· 对称性揭示了意想不到的现象。对称性预示了反物质、自旋夸克等新现象的存在。

· 对称性消除了可能破坏理论的不良后果。量子修正通常具有灾难性的发散和异常，对称性可以将它们消除。

· 对称性改变了原来的经典理论。弦理论的量子修正是如此严格，以至于实际上改变了原来的理论，从而确定了时空的维度。

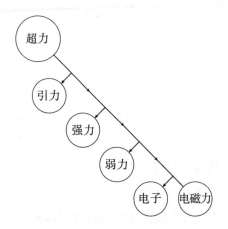

图12　对称性的逐渐破裂

人们相信，时间之初只有一个力——超力，其对称性包括了宇宙的所有粒子。超力不稳定，对称性开始破裂。首先分离出来的是引力。然后，强力和弱力紧随其后，最后是电磁力（见图12）。

因此，今天的宇宙看起来支离破碎，各种力似乎大相径庭。如何将这些碎片重新组装成一个单一的力成为了今天物理学家的主要工作。

超弦理论利用了所有这些特征，它的对称性是超对称性（可以交换玻色子和费米子的对称性）。反之，超对称性是物理学中发现的最大的对称性，能统一宇宙中所有的已知粒子。

方宇程宙 **M-理论**

我们还需要完成弦理论的最后一步，即找到它的基本物理原理（如何从单个方程式推导出整个理论）。1995年刮来了一阵"冲击波"，当时，弦理论经历了一次变形，出现了一种称为M-理论（膜理论）的新理论。之前的弦理论的问题在于，存在五个不同版本的量子引力，每个版本都是有限的且定义明确。因此，五种弦理论看起来非常相似，只是自旋排列略有不同。于是，人们开始发问：为何有五个？众所周知，大多数物理学家认为，宇宙应该是唯一的。

物理学家爱德华·威滕发现，实际上存在着一个隐藏的十一维理论，称为M-理论，它基于膜（例如球体和"甜甜圈"的表面）而非仅基于弦存在。他能够解释为何会有五种不同的弦理论，因为有五种方法可以将十一维的膜折叠成十维的弦。

换句话说，弦理论的所有五个版本都是同一个M-理论的不同数学表达。（因此，实际上，弦理论和M-理论是相同的理论，弦理论是将十一维的M-理论缩减为十维的理论。）不过，一个十一维理论是怎样产生五个十维理论的呢？

例如，我们可以想象一个沙滩球，如果我们放出球里的空气，球会塌陷，逐渐变得像根香肠；如果我们放出更多的空气，香肠会变成一根细弦。因此，弦是变相的膜，空气被排出之后的膜。

我们从一个十一维的沙滩球开始思考，如何在数学上证明，有五种方法可以将其折叠成十维的弦。

或者，想象盲人第一次遇到大象的故事。第一位智者摸到大象的耳朵，宣称大象是扁平的且像扇子一样是二维的。第二位智者摸到尾巴，宣称大象像根绳子或一维的弦。第三位智者摸到一条腿，宣称大象是一个三维的鼓或圆柱体。实际上，后退一步，在三维空间，我们可以将大象视为三维动物。以此类推，五种不同的弦理论就像前述的耳朵、尾巴、腿，但我们仍未揭示出完整的大象——M-理论。

方宇
程宙 全息宇宙

正如我们提到的，随着时间的流逝，人们发现了弦理论中新的层次。在 1995 年提出 M-理论后不久，胡安·马尔达西纳（Juan Maldacena）在 1997 年得出了另一个惊人的发现。[2]

他通过展示曾被认为不可能的东西而震撼了整个物理学界：一个在四维空间描述亚原子粒子行为的超对称杨-米尔斯理论是某个十维弦理论的对偶，或者说它们在数学上等价。这使物理世界陷入了混乱。截至 2015 年，已有上万篇论文参考了上述成果，使它成为迄今为止高能物理领域最具影响力的文章之一。（对称性和对偶性相关，但不相同。当我们重新排列单个方程的组件时，对称性就会出现并保持不变。当我们证明两个完全不同的理论实际上在数学上等价时，对偶性就会出现。引人注目的是，这两个非常重要的性质，弦理论都有。）

正如我们看到的，麦克斯韦方程组在电场和磁场之间具有对偶性，即我们反转这两个场（电场、磁场）方程组保持不变。（我们可以从数学上看到这一点，因为 EM 方程通常包含 E2+B2 之类的术语，当我们将两个场彼此旋转时，它们保持不变，就像毕达哥拉斯定理一样。）同样，在十个维度上有五种不同的弦理论，可以证明它们是相互对偶的，它们实际上是变相的单个十一维 M-理论。令人惊讶，对偶性表明两种不同的理论实际上是同一理论的两个面。

然而，马尔达西纳表明，还存在另一种对偶性，十维弦理论与四维杨-米尔斯理论之间的对偶性。这是出乎意料的拓展，但却具有深远的意义。这意味着在不同的维度中被定义的引力和核力之间存在着深远的、意想不到的联系。

通常，人们可以在相同维度的弦理论之间找到对偶性。例如，通过重新排列描述弦理论的各个项，我们经常可以将一种弦理论变成另一种弦理论。这在不同的弦理论之间创建了对偶网，所有的弦理论都定义在相同的维度上。但是，定义在不同维度上的两个对象之间存在对偶性是闻所未闻的。

这种对偶性对理解核力也具有深远的影响。例如，较早时，我们可以看到杨-米尔斯场描述的四维规范场理论能最好地诠释核力，但没人能找到杨-米尔斯场的精确解。然而，由于四维规范场理论可能是十维弦理论的对偶，这意味着量子引力可能是理解核力的关键。这是一个令人震惊的启示，因为这意味着弦理论可能是描述核力基本特征（例如计算质子的质量）的最好的理论。

这在物理学家之间造成了一些身份危机。那些专门从事核力研究的人将所有的时间都花在研究三维物体上，例如质子和中子，并常常嘲笑研究高维的物理学家。不过，由于引力和规范场理论之间出现了这种新的对偶关系，这些物理学家突然发现自己也很想学习有关十维弦理论的全新知识，这可能是理解四维核力的关键。

从这种奇怪的对偶性中又涌现出了一项出乎意料的发展，全息原理。全息图是一些二维的塑料平板，其中包含了经过特别编码的三维对象的图像。用激光束照射平面屏幕时，三维图像会突然出现。换句话说，创建三维图像所需的所有信息已经利用激光编码到平面二维屏幕上了。

该原理也适用于黑洞。正如我们之前介绍的，如果将百科全书放到一个黑洞中，根据量子力学，书籍中包含的信息不会消失。那么，信息去了哪儿？一种理论认为，它分布在黑洞的视界的表面。因此，黑洞的二维表面包含着已扔入其中的所有三维对象的所有信息。

它还会影响我们对现实概念的理解。当然，我们确信自己是可以在空间中移动的三维客体，由三个数字（长度、宽度、高度）定义。但这也许是一种幻觉，也许我们只是生活在全息图中。

也许，我们经历的三维世界只是现实世界的影子，而现实世界是十维或十一维的。当我们在三维空间中移动时，其实我们所体验的是实际的自我在十维或十一维时空中的移动。如同沿着街道行走时，我们的阴影跟随我们并像我们一样移动，阴影只存在于二维空间。以此类推，也许我们的影子在三维空间中移动，但真正的自我在十维或十一维时空中移动。

我们看到，随着时间的推移，弦理论揭示了新的、出乎意料的结果。这意味着我们对其背后的基本原理还不够了解。最终，我们也许会发现，弦理论或许不是真正的弦的理论，因为在十一维的弦可以表示为膜。

这就是为什么将弦理论与实验进行比较还为时过早的原因。一旦我们揭示了弦理论背后的真正原理，我们可能会找到一种测试它的方法，此后，我们也许能一劳永逸地解释它是万能的理论还是无能的理论。

检验理论

尽管弦理论在理论上取得了成功，但它仍然有弱点。敢于像弦理论那样放出大话的任何理论必然会招来一大群批评者。人们会自然地想起卡尔·萨根的话："出色的主张需要出色的证据。"我猜想，"令人难堪大师"沃尔夫冈·泡利也许会冷嘲热讽，他在听演讲时也许会说，"你的逻辑太混乱，以至于人们无法分辨这是胡说还是什么别的。"也许还会说，"我并不介意你的思维快慢，但当你发表论文的速度快于思维时，我会坚决地提出反对。"如果他还活着，他可能会将这些话用于弦理论。辩论是激烈的，以至于物理学界最聪明的头脑在这个问题上也出现了很大的分歧。1930年第六届伟大的索尔维会议上，爱因斯坦和玻尔在量子理论的问题上发生了争论，自那之后，科学界还从未目睹过今天这么大的分歧。

诺贝尔奖获得者在这个问题上也分持对立的立场。谢尔登·格拉肖（Sheldon Glashow）写道："数十年来，最出色和最聪明的人付出了巨大的努力，却没能得出一个，也无法预期很快会有一个可以验证的预测。"杰拉德·胡夫特甚至说："围绕弦理论的兴趣可与'美国电视广告'媲美，全是炒作和吹嘘，全无实质内容。"

一些人则称赞弦理论的优点。戴维·格罗斯（David Gross）写道："爱因斯坦对此会感到满意，即便对结果不满意……至少对目标会感到满意。他本来希望有一个基础性的几何原则，但不幸的是，我们还没有真正理解这一原则。"

史蒂文·温伯格将弦理论研究比作人类历史上发现北极的努力。曾经，地球上所有的古代地图都有一个巨大的空洞——北极应该在那儿，但没人亲眼见过。在地球上的任何地方，所有罗盘针都指向这个神话般的地方。但是，传说中所有寻找北极的尝试都以失败告终。在古代水手的心中，他们知道，北极必然存在，但没人能证明这点。当然，也有人怀疑它的存在。事实是，经过几个世纪的推测，1909年，罗伯特·皮尔里（Robert Peary）终于真正踏上了北极。

弦理论的批评者格拉肖承认，在这场辩论中，自己的人数居于劣势。他曾在评论中说："我发现自己是崛起的哺乳动物世界中的恐龙。"

方宇程宙 对弦理论的批评

瞄向弦理论的有几种主要的批评。批评家声称该理论全是炒作；美本身在物理学上是不可靠的指南；它预言了太多的宇宙；最重要的是，它是无法检验的。

伟大的天文学家开普勒曾一度被美丽所迷惑。他迷恋这样一个事实，即太阳系类似于相互堆叠的规则多面体的集合。几个世纪以前，希腊人列举了其中的五个多面体（例如立方体、金字塔形等）。开普勒注意到，通过像俄罗斯玩偶一样将这些多面体依次放置在彼此之间，可以重现太阳系的某些细节。这是一个美丽的想法，但事实证明这是完全错误的。

最近，一些物理学家批评弦理论，认为美是物理学的误导性标准。弦理论具有出色的数学特性，但并不意味着它拥有真理的内核。他们指出，美丽的理论有时无济于事。

诗人们倒是经常引用约翰·济慈（John Keats）的诗《希腊古瓮颂》：

> 美丽即真理，真理即美丽，这就是
> 你所知道的地球上的一切
> 也是你所需要知道的一切

保罗·狄拉克是这个原则的追随者，他写道："研究人员在努力以数学形式表达自然的基本定律时，应该主要为数学之美而努力。"实际上，他会写下，这是通过摆弄纯数学公式而非通过数据发现了自己那著名的电子理论。

在物理学中，美具有强大的力量，但美也常常使人犯错。正如物理学家萨宾·霍森菲尔德（Sabine Hossenfelder）写道："在成百上千有关统一力和新粒子以及额外对称性和替代宇宙的理论中，一些美丽的理论已被排除在外。所有的这些理论，第一是错误，第二是错误，第三还是错误。依靠美丽显然不是成功的策略。"

批评家声称，弦理论虽拥有美丽的数学，但它可能与物理现实无关。

这种批评有一定的道理，但人们也必须认识到，弦理论的各个方面（如超对称性）并非无用，也并非没有物理应用。尽管尚未找到超对称性的证据，但它已被证明对于消除量子理论中的许多缺陷至关重要。通过费米子与玻色子的相互抵消，超对称性能解决一个长期困扰人们的问题，消除了困扰量子引力发散的难题。

并非每一个美丽的理论都有物理上的应用，但迄今发现的所有的基本物理理论，无一例外地都包含了一种内在的美感或对称性。

方程宇宙 它能被检验吗？

无法检验是对弦理论最重要的批评。引力子拥有的能量称为普朗克能量，它比大型强子对撞机产生的能量大四千万亿倍。想象一下，试图建造一个其能力是目前的LHC能力四千万亿倍的LHC！人们可能需要一个银河般大小的粒子加速器来直接测试该理论。

此外，弦理论的每个解都是一个完整的宇宙，且似乎有无数个解。为了对理论进行直接检验，需要在实验室中创建"婴儿宇宙"！换句话说，似乎只有神才能真正地直接检验该理论，因为该理论是基于宇宙的，而不仅是基于原子或分子。

因此，乍一看，弦理论似乎在对于任何理论都需通过的严峻考验上失败了——可测试性，但弦理论的推动者并未因此而沮丧。正如我们已经确定的，大多数科学也得益于间接测量，如大爆炸的余晖（回声）。

同理，我们也可以寻找从十维和十一维传来的回声。也许弦理论的证据就隐藏在我们周围，我们需要倾听而不是尝试对弦理论本身的直接观察。

例如，来自超空间的一种可能的信号是存在暗物质。以前的人们普遍认为宇宙主要由原子组成，直到最近，天文学家惊奇地发现，宇宙中只有4.9%的部分由氢和氦等原子组成。实际上，大部分的宇宙是以暗物质和暗能量的形式存在，只是这些物质不能被直接观察。（暗物质和暗能量是两种截然不同的事物。宇宙的26.8%是由暗物质构成，它们是围绕银河系并阻止其飞散的不可见物质；宇宙的68.3%是由暗能量构成，神秘的它们驱使星系分离以避免坍缩。）也许，万能理论的证据都隐藏在这个看不见的宇宙中。

方宇 搜寻暗物质
程宙

　　暗物质很奇怪，它是看不见的，但它能将银河系作为一个整体聚在一起。由于它重且没有电荷，因此如果你尝试将暗物质握在手中，它会穿过你的手指，就像手指从不存在一样。之后，它会掉落到地板上，穿过地球的核心，落到地球的另一侧。在这里，引力会最终导致其反转，并落回到你的位置。最后，它会在你与地球的另一侧之间振荡，似乎地球从不存在。

　　尽管暗物质很奇怪，但我们知道它一定存在。我们分析银河系的自旋并应用牛顿定律时就会发现，没有足够的质量来抵消离心力。只考虑我们能看见的质量，宇宙中的星系会非常不稳定且快速飞散，但它们却稳定存在了数十亿年。因此，我们有两种选择：要么认为，牛顿方程应用于星系时是不正确的；要么认为，存在一种看不见的物质维持着星系的现状。

　　目前，暗物质的一类领先候选者是大质量弱相互作用粒子。其中，光微子是一种可能性，即光子的超对称伙伴。光微子稳定、质量大、不可见且不带电荷，符合暗物质的特征。物理学家相信，地球会在无形的暗物质风中移动。此时，暗物质风可能正在穿透你的身体。如果光微子与质子发生碰撞，可能导致质子破碎成亚原子粒子簇，后者可以被检测到。实际上，今天，仍然有许多泳池大小的大型检测器（含有氙和氩的大量液体）在工作，也许有一天，我们能捕获到由光微子碰撞产生的"火花"。现在，大约有20个研究小组正在寻找暗物质，他们通常工作于地球表面以下的矿井内部，远离起干扰作用的宇宙射线的相互作用。因此，可以想象，暗物质的碰撞确有可能被我们的仪器捕获。一旦检测到暗物质的碰撞，物理学家会研究暗物质颗粒的性质，然后将其与光微子的预测性质进行比较。如果弦理论的预言与暗物质的实验结果相符，这将有助于说服物理学家相信这是条正确的途径。

另一种可能性是，利用正在讨论中的下一代粒子加速器来制造光微子。

方宇程宙 超越大型强子对撞机

日本正在考虑修建国际直线对撞机（ILC），该直线对撞机将沿直管发射电子束，直到撞到反电子束。如果获得批准，该设备将在12年内建成。这种对撞机的优点在于它使用的是电子而不是质子。由于质子是由胶子黏合在一起的三个夸克组成，因此质子之间的碰撞非常凌乱且会产生大量无关紧要的粒子。相比之下，电子是单个基本粒子，与反电子的碰撞更干净，所需的能量也更少，只需要2 500亿电子伏特就能制造出希格斯玻色子。

中国也有建造环形正负电子对撞机（CEPC）的兴趣。工程或于2022年启动，2030年完成，耗资50亿—60亿美元。它获能达到2 400亿电子伏特的能量，一圈长度大约为100公里。

欧洲核子研究中心的物理学家也不甘落后，正计划大型强子对撞机的后继者，称为"未来环形对撞机"（FCC）。最终，它获能达到惊人的1 000 000亿电子伏特的能量，一圈长度大约为100公里。

目前，尚不清楚这些加速器是否会被最终建造出来，但这确实意味着有希望在大型强子对撞机之后的下一代加速器中找到暗物质。如果发现了暗物质的粒子，我们可以将它们与弦理论的预测进行比较。

这些加速器可能会验证弦理论的另一项预测，微型黑洞的存在。由于弦理论是万能理论，它包括了引力以及亚原子粒子，因此物理学家期望在加速器中发现微型黑洞。（微型黑洞与恒星黑洞不同，它们是无害的，且具有微小的亚原子粒子的能量，而不是垂死的恒星的能量。实际上，地球一直受到宇宙射线的轰击而未受到任何有害影响，宇宙射线的能量远大于加速器所能产生的能量。)

方宇程宙 作为原子粉碎机的大爆炸

还有一种希望，我们可以思考宇宙中最大的原子粉碎机，大爆炸本身。大爆炸的辐射可能为我们提供了暗物质和暗能量的线索。首先，大爆炸的余晖或回声可以被检测。我们的卫星已经能够以极高的精度检测到这种辐射。

据大爆炸的微波背景辐射照片显示，它非常平滑，表面上有微小的波纹。这些波纹转而代表了在大爆炸瞬间存在的微小量子涨落，它们随后被爆炸放大了。

然而，背景辐射中似乎存在着我们无法解释的不规则或斑点，学界在这方面一直存在争议。有人推测这些奇怪的斑点是与其他宇宙碰撞的残余。特别是，宇宙微波背景上的冷点是均匀背景辐射上的反常低温的标记。一些物理学家推测，这可能是在时间之初我们宇宙与平行宇宙之间某种形式的连接或碰撞的残余。如果这些奇怪的标记代表了我们宇宙与平行宇宙之间的相互作用，那么，怀疑论者可能会对多元宇宙理论更认可。

人类已经计划将探测器放置在太空，从而利用空间引力波探测器来改善所有的这些计算。

方宇程宙 激光干涉空间天线

早在1916年，爱因斯坦就证明了引力能以波浪的形式传播。爱因斯坦预言，引力的膨胀将以光速行进，就像在池塘中扔石头并目睹其形成的同心圆环一样。不幸的是，它们太微弱，以至于他认为我们不会很快找到它们。

爱因斯坦说得很对。直到2016年，人们才观测到引力波。巨大的探测器捕获了大约十亿年前在太空中相撞的两个黑洞发出的信号。这些探测器分别建在路易斯安那州和华盛顿州，每个探测器平均占地几平方英里。它们类似于一个巨大的"L"字，激光束沿"L"的每条"腿"向下传播。当两束光在中心相遇时，它们会产生对振动非常敏感的干涉图样，以至于可以检测到这种碰撞。

三位物理学家雷纳·魏斯（Rainer Weiss）、基普·S.索恩（Kip S. Thorne）、巴里·C.巴里什（Barry C. Barish）因其开创性的工作获得了2017年的诺贝尔奖。

为了获得更高的灵敏度，人们计划将引力波探测器发送到外太空。这个项目被称为激光干涉空间天线（LISA），它也许能够检测到来自大爆炸那一瞬间的振动。激光干涉空间天线的一个版本由太空中的三颗卫星组成，不同卫星通过激光束网络相互连接。三角形的两边约100万英里（约160万公里）。当来自大爆炸的引力波撞击检测器时，它会使激光束产生一点抖动，人们可以通过灵敏的仪器对其测量。

最终目的是记录来自大爆炸的冲击波，回放录像以获得对大爆炸之前的辐射的最佳猜测。然后将这些大爆炸之前的波与几种版本的弦理论的预测进行比较。这样，人们也许能够获得有关大爆炸之前的多元宇宙的数据。

使用比激光干涉空间天线更先进的设备，人们也许可以获得宇宙的婴儿时期的图像，也许能找到连接"婴儿宇宙"（我们的宇宙）与某个双亲宇宙的脐带的证据。

方程宇宙 检验平方反比律

另一个常见的反对弦理论的意见是，该理论需假定人们实际上生活在十维或十一维时空中，但这缺乏实验证据。

事实上，可以利用现成的仪器操作。如果我们的宇宙是三维的，引力会随着分开距离的平方而减小。牛顿的这一著名定律引导我们的太空探测器以惊人的精确度飞行了数百万英里。同理，如果愿意，我们可以发射一个太空探测器去穿越土星环。不过，牛顿著名的平方反比定律多在天文距离上进行过计算，鲜于在实验室中。如果小距离上的引力强度不服从平方反比定律，则表明存在更高的维度。例如，如果宇宙具有四个空间维度，则引力应按分开距离的立方而减小。同理，如果宇宙具有 N 个空间维，则引力应按分开距离的 "$N-1$" 次方而减小。

我们很少在实验室中测量两个物体之间的引力。这些实验非常难做，因为实验室中的引力太小。后来，人们在科罗拉多州进行了首次测量，结果是否定的，即牛顿的平方反比定律仍然成立。（但这也许只意味着，在科罗拉多州没有增加的维度。）

宇宙方程 景观问题

对理论物理学家来说，一切批评都是麻烦的，但都不致命。然而，现实给理论物理学家带来的问题是，该模型似乎预言了由平行宇宙构成的多元宇宙，且其中的许多宇宙比好莱坞剧作家的想象力还疯狂。弦理论有无数个解，每个解都描述了一个表现良好的具有有限引力的宇宙，但和我们的宇宙都不太像。在许多的这样的平行宇宙中，质子不稳定，它会衰变成大量的电子和中微子云。在这些宇宙中，不存在我们熟悉的复杂物质（原子和分子），它们仅由亚原子颗粒气体组成。（一些人可能会争辩，这些可供选择的替代宇宙只在数学上具有可能性，并不真实。该理论无法告诉你，这些替代宇宙中的哪一个具有真实性。）

客观地说，这个问题并非弦理论独有。例如，牛顿或麦克斯韦方程组有多少个解？有无数个！真解取决于研究的内容。如果以一个灯泡或一个激光器为出发点去求解麦克斯韦方程，你将为不同设备找到独有的解。因此，麦克斯韦或牛顿的理论也有无数个解，真解取决于初始条件，即你求解时所具备的条件。

任何万能理论都可能存在这个问题。任何万能理论都会因初始条件而具有无数个解。但是，宇宙的初始条件如何确定？这意味着你必须从外部手动输入大爆炸的条件。

一些物理学家认为这是作弊。理想情况下，人们希望理论本身可以揭示引发大爆炸的条件。人们希望理论可以揭示一切，包括原始大爆炸的温度、密度、组成。一切理论都应该以某种方式包含其自身的初始条件。

换句话说，人们希望对宇宙的开始有一个独特的预测。弦理论可以预测我们的宇宙吗？可以！这个耸人听闻的宣言是一个世纪以来物理学家的目标。但是，它能预测宇宙只有一个吗？不能！这被称为景观问题。

这个问题有几种可能的解答，都未被广泛接受。有一种解答是人择原理，它说我们的宇宙是特殊的，因为在这里讨论这个问题的是作为有意识的生物的我们。换句话说，可能存在无数个宇宙，我们的宇宙是可以使智慧生命存活的宇宙。大爆炸的初始条件在时间之初就确定了，确定的初始条件是让今天的智慧生命得以存在，其他宇宙也许不存在有意识的生命。

我清楚地记得自己上小学二年级时首次听到的对这个概念的解释。我的老师曾说，上帝让地球与太阳的距离"恰到好处"。距离太近，海洋会沸腾；距离太远，海洋会结冰。即使是孩子，这个说法也令我震惊，因为它使用了纯粹的逻辑来确定宇宙的本质。今天，卫星已经揭示了4 000个围绕其他恒星运转的行星，大多数行星因距离恒星太近或太远而无法维持生命。因此，有两种方法可以分析我二年级老师的论据。也许，存在一位慈爱的上帝；也许，由于成千上万的死行星距离恒星太近或太远，而我们所处的星球恰恰适合智慧生命活动，从而让智慧生命可以就这个问题展开辩论。类似地，我们也可能共存于死寂的海洋，而我们的宇宙之所以特别，仅是因为我们在这里讨论这个问题。

人择原理使人们可以解释有关我们宇宙的一个奇怪的事，即自然的基本常数似乎经过微调以适应生命。正如物理学家弗里曼·戴森所写，宇宙似乎早已知道我们要来。例如，如果核力稍弱一些，太阳将永远不会被点燃，太阳系将是一片黑暗；如果核力更强一些，太阳将在数十亿年前被烧尽。因此，今天的核力似乎被调整得恰到好处。

类似地，如果引力稍弱一些，大爆炸将以"大冷冻"结束，留下一个死去的、冰冷的膨胀宇宙；如果引力稍强一些，我们会陷入"大崩溃"，所有生命都将被烧死。然而，我们的引力似乎被调整得恰到好处，它允许恒星和行星形成并持续足够长的时间，使生命如雨后春笋般涌现。

人们可以列举许多类似的偶然性，每次我们都恰到好处地处于最适合区域的中心，从而使生命得以存在。因此，宇宙似乎是一场巨大的全靠运气的赌局，而我们赢得了胜利。但是，根据多元宇宙理论，这意味着我们与大量已死亡的宇宙共存。

因此，也许人择原理确能从数百万个宇宙的景观中选择我们的宇宙，因为我们是这个宇宙中有意识的生命。

方宇程宙 我自己关于弦理论的观点

自1968年以来，我一直研究弦理论，所以我有自己的明确观点。无论你怎样看，该理论的最终形式尚未揭晓。因此，将弦理论与现今的宇宙进行直接比较还为时过早。

弦理论的特征之一，它是向后进化的，一路上不断揭示出新的数学和概念。每十年左右，弦理论就有一个新的启示，改变着我们关于弦理论本质的认知。我目睹了三场惊人的革命，但我们仍没能完整地表达弦理论。我们尚不知道其最终的基本原则。只有到了那时，我们才能将它与实验进行比较。

方字程宙 揭示一个金字塔

我喜欢将这个问题与在埃及沙漠中寻找宝藏作比较。假设有一天，你偶然碰上沙漠中突起的一块小石头，抹去黏在上面的沙子后，你意识到这个鹅卵石会不会是某个巨大金字塔的顶部。经过多年的挖掘，你发现了各种各样奇怪的房间和艺术品。在每个楼层，你都能找到新的惊喜。最后，在开挖了许多楼层之后，你到达了终极之门，你一定希望将其打开以探寻是谁制造了金字塔。

我个人认为，由于我们每次对理论做分析时都会不断发现新的数学层次，因此今天的我们仍未到达底层。在找到弦理论的最终形式之前，还有更多的层需要揭示。换句话说，该理论比我们更聪明。

可以用弦场理论的方程式来表达弦理论。但是，在十维时空中，我们需要有五个这样的方程式。

尽管我们可以用场论的形式表达弦理论，但不能表达M-理论。希望有一天，物理学家可以找到一个能包含M-理论的方程式。不幸的是，以场论形式表达膜（以多种方式振动）是困难的。因此，M-理论由数十个相互分离的方程式组成，它们奇迹般地描述了相同的理论。如果我们能以场论形式写出M-理论，那么，整个理论应该来自一个单一的方程。

没有人能够预测这种情况是否会发生、何时发生。在目睹了有关弦理论的各种信息之后，公众已经变得急躁不安。

即使在弦理论研究者中，对该理论的未来前景也有一定的悲观情绪。正如诺贝尔奖获得者戴维·格罗斯的话，"弦理论就像一座山顶。攀登者在山上攀爬时，顶部清晰可见，但越靠近山峰，顶部越后退。这个目标近得令人心痒，但似乎又总是够不着，总是差那么一丁点儿。"

我个人认为这是可以理解的，因为没人知道我们何时能在实验室中发现超对称性。同时，我们必须保持谨慎，理论的正确性取决于具体的结果，而非物理学家的主观愿望。我们都希望自己宠爱的理论在我们活着的时候得到证实，那是人类的深切渴望，但大自然有自己的时间表。

例如，原子理论花了两千年的时间才最终得到证实，直到最近，科学家才能够为单个原子拍摄生动的图片。即使是牛顿和爱因斯坦的伟大理论，许多预测也花了数十年的时间才得到充分的检验。黑洞最早由约翰·米歇尔于1783年预测，但直到2019年，天文学家才拼凑出有关其视界的第一张确凿照片。

我个人认为，许多科学家的悲观情绪可能是被误导了，该理论的证据也许并不需要在某个巨大的粒子加速器中找到，而是在数学表达中发现。

重点是，我们也许根本不需要弦理论的实验证明，万能理论也是普通事物的理论。如果我们能从第一原理中得出夸克和其他已知亚原子粒子的质量，那可能是有说服力的证据，证明这是万能理论。

根本不是实验的问题。标准模型具有手工输入的大约二十个自由参数（例如夸克的质量及其相互作用的强度）。我们有大量关于亚原子粒子的质量和耦合的实验数据。如果弦理论能够在没有任何假设的情况下从第一原理精确地计算出这些基本常数，我认为这将证明弦理论的正确性。如果宇宙的已知参数可以从一个方程式中得出，那将是一个真正的历史性事件。

但是，一旦有了这个方程式，我们将如何处理呢？我们将如何摆脱景观问题呢？

一种可能是，这些宇宙中有许多是不稳定的，会衰退并落入我们熟悉的宇宙。我们记得，真空并非是无聊的、毫无特色的事物。实际上，真空充斥着不断冒出和消失的泡沫宇宙，就像泡泡浴一样，霍金称其为时空泡沫。这些微小的气泡宇宙大多数都是不稳定的，从真空中跳出来然后跳回去。

同样，一旦找到了理论的最终表达，也许就能证明这些替代宇宙中的大多数都是不稳定的，会衰败并落入我们的宇宙。例如，这些气泡宇宙的自然时间尺度是普朗克时间，即 10^{-43} 秒。这是非常短的时间，大多数宇宙只在短暂的瞬间存在。相比之下，我们的宇宙年龄是 138 亿年，在天文学上比大多数宇宙的寿命更长。换句话说，也许在景观中我们的宇宙是无数宇宙中特殊的一个。我们的宇宙比其他宇宙活得长久，这也是为什么我们能在今天讨论这个问题的原因。

不过，如果终极方程非常复杂，我们该怎么办呢？这样，似乎无法显示出我们的宇宙在宇宙的景观中的特殊性。那么，我认为我们应该将其放入计算机中。这是夸克理论采纳的方法。我们知道，杨-米尔斯粒子像胶一样将夸克结合成质子。但也许 50 年后，我们仍然不能在数学上进行严格的证明。事实上，许多物理学家已放弃了实现它的希望。取而代之的是，在计算机上求解杨-米尔斯方程。

这是通过将时空近似为一系列格点来完成的。通常，我们认为时空是一个光滑的表面，具有无数个点。当目标客体移动时，它们会经过无穷序列。我们可以用像网一般的网格或晶格类比这个光滑的表面。随着我们让格点之间的间距越来越小，它变成了普通的时空，万能理论便开始出现。同样，一旦有了 M-理论的终极方程，就可以将其应用于网格，然后在计算机上进行计算。

在这种方案中，我们的宇宙来自一台超级计算机的输出。（这让我想起了《银河漫游者指南》，建造一个巨大的超级计算机寻找生命的意义。在进行了无数次计算之后，计算机最终得出结论，宇宙的意义是"四十二"。）

因此，可以想象，或许是下一代的粒子加速器，或许是位于矿井内部的粒子探测器，或许是位于深空的引力波探测器，将找到弦理论的实验证据。如果不能，也许某个天才物理学家具有足够的毅力和远见，找到了万能理论的最终数学表达。那时，我们则能将其与实验进行比较。

　　尽管物理学家寻求万能理论的旅程会面临非常多的曲折，但我坚信，我们终将找到万能理论。

　　下一个问题是：弦理论从何而来？如果万能理论有一个宏观设计，它有设计师吗？如果有，宇宙是否具有自己的目标和意义？

7　寻找宇宙的意义

我们已经看到，人类对四种基本力的掌握不仅揭示了自然界的许多秘密，还激发了伟大的科学革命，改变了文明本身的命运。牛顿写下运动定律和引力定律，为工业革命奠定了基础。法拉第和麦克斯韦揭示电磁力的统一性，推动了电气革命。爱因斯坦和量子物理学家揭示了现实世界的概率特性和相对论本质，开启了当今高科技革命的序幕。

现在，我们可能正专注于统一这四种基本力的万能理论。我们暂时假设科学界已证实了这一理论，该理论已通过了严格的测试并被世界上的科学家普遍接受，那么，这将对我们的生活、我们的思维、我们的宇宙构想产生什么影响？

答案是，对我们生活的直接影响很小。万能理论的每个解都是一个完整的宇宙。因此，与理论相关的能量是普朗克能量，该能量比大型强子对撞机所产生的能量大四千万亿倍。万能理论的能量尺度与宇宙的创造和黑洞的奥秘相关，与你我的个人事务无关。

该理论对我们生活的真正影响可能存在于哲学维度，因为它也许能回答困扰了几代伟大思想家的深刻的哲学问题，时间旅行、宇宙诞生之前发生了什么？宇宙来自何处？

正如伟大的生物学家托马斯·H.赫胥黎（Thomas H. Huxley）于1863年所说的，"在关于人类的所有问题中，这个问题比其他任何问题都重要，比其他任何问题都有趣，它关系到人在自然界中的地位及人与宇宙的关系的确定。"

但仍然有个问题尚未解答：万能理论必须就宇宙的意义说些什么？

爱因斯坦的秘书海伦·杜卡斯（Helen Dukas）曾说："爱因斯坦对自己收到的恳求其解释生命意义并询问他是否信奉上帝的邮件不知所措。他无奈地回答了有关宇宙的目标的所有问题。"

时至今日，有关宇宙的意义和"造物主"的存在的问题仍然吸引着广大公众。2018年，爱因斯坦去世前写的一封私人信件被拍卖。290万美元的中标价令人震惊，远远超出了拍卖行的预期。

在这封及其他信件中，可以看出，爱因斯坦在回答有关生命意义的问题时缺乏信心，但他很清楚自己对上帝的看法。他写道，"实际上有两种神灵，我们经常把二者弄混淆。首先，存在着个人的上帝，你向之祈祷的上帝，是打击平庸之辈并奖励信徒的《圣经》之神……"他自己不相信那个上帝，他不相信创造宇宙的上帝会干涉凡人的事务。

但是，他相信斯宾诺莎的上帝，也就是美丽、简单而优雅的宇宙中的秩序之神。宇宙本初也许是丑陋的、随机的、混乱的，但与此相反的是，宇宙存在着一个隐蔽的、神秘而深刻的秩序。

打个比方，爱因斯坦曾经说过，他觉得自己像个孩子，正在进入一个巨大的图书馆。在他周围，有一堆一堆的书，包含了对宇宙奥秘的答案。实际上，他的人生目标是能阅读这些书籍中的几章。

但是，他没有回答这样一个问题：如果宇宙像一个巨大的图书馆，有图书馆员吗？谁写作了这些书？换句话说，如果所有物理定律都能用万能理论去解释，那么，该方程式又从何而来？

爱因斯坦思索的问题是：上帝在创造宇宙方面有过选择吗？

宇宙方程 证明上帝的存在

然而，当试图运用逻辑去证明或反驳上帝的存在时，答案变得模糊。例如，霍金不相信上帝。他写道，"大爆炸是在短暂的时间内发生的，上帝没有足够的时间来创造我们所看到的宇宙。"

按照爱因斯坦原来的理论，宇宙几乎为立即膨胀。但在多元宇宙论中，我们的宇宙不过是与一直不停出生的其他气泡宇宙共存的一个气泡。

如果是这样，那么，时间也许并非是随着大爆炸而突然出现的，在我们宇宙开始之前也许还有一段时间。每个宇宙都是在短暂的瞬间诞生的，但多元宇宙中的宇宙总体可以是永恒的。因此，万能理论没有解答上帝是否存在的问题。

然而，几个世纪以来，神学家尝试了相反的观点，以逻辑证明上帝的存在。13世纪伟大的天主教神学家托马斯·阿奎那（Thomas Aquinas）提出了关于上帝存在的五个著名证明，值得关注。

五个证明中的两个似乎多余，因此，我们可以将其简化为三个证明：

1. 宇宙学证明。事物之所以运动是因为它们被推动，即有什么东西促使它们运动。但是，促使宇宙运动的"原动力"或"第一原因"是什么？这一定是上帝。

2. 目的论证明。我们在周围的任何地方，都能看到复杂且精妙的物体。事实上，任何一个设计都需要设计师，首席设计师就是上帝。

3. 本体论证明。上帝，顾名思义，是可以想象的最完美的存在。人们可以想象一个不存在的上帝。但是，如果上帝不存在，他也就不会完美。因此，他必须存在。

这些关于上帝存在的证明持续了数个世纪。直到19世纪，伊曼努尔·康德才在本体论证明中发现了一个缺陷，因为行为和存在是两个独立的类别，达到完美并不一定意味着必须存在。

根据现代科学和万能理论，我们有必要重新检查其中的两个证明。对目的论证明的分析很简单。我们环顾四周的每个地方，都会看到复杂的物体。经过仔细思考，我们会发现，周围的生命形式是复杂的，它能通过进化加以解释。只要有足够的时间，偶然机会就可以通过适者生存的生存竞争推动进化，因此，复杂程度较低的设计会随机产生更复杂的设计。生命的首席设计师并不是必需的。

对宇宙学证明的分析就不那么清楚了。今天的物理学家可以回放录像带，并证明宇宙始于促使宇宙运动的大爆炸。但是，要回到大爆炸之前，我们必须应用多元宇宙理论。假设多元宇宙理论解释了宇宙大爆炸的起源，人们不得不问：多元宇宙从何而来？最后，如果有人说多元宇宙是万能理论的逻辑结果，那么，我们不得不问：万能理论又从何而来？

此时，物理学停止了，形而上学开始了。物理学对物理定律本身从何而来没有任何评论。因此，即使今天，托马斯·阿奎那的关于"原动力或第一原因"的宇宙学证据仍然有意义。

对称性可能是任何万能理论的关键特征，但这种对称性从何而来？这种对称性也许是深刻的数学真理的副产品，但数学真理又从何而来？在这个问题上，万能理论再次沉默。

尽管我们在理解生命和宇宙的起源方面取得了巨大进步，但800年前天主教神学家提出的问题在今天仍然有意义。

宇宙方程 我的观点

宇宙是一个非常美丽、有序且简单的存在。令人震惊的是，可以在一张纸上总结出实体宇宙的所有已知定律。

这张纸包含了爱因斯坦的相对论。标准模型则更为复杂，占据了页面的大部分内容，涵盖种类繁多的亚原子粒子。亚原子粒子可以描述已知宇宙中的所有事物，从质子内部深处到可见宇宙的边界。

考虑到这一纸公式的简洁性，很难避开下述结论，"所有这些都是事先计划好的，其优雅的设计展现了宇宙设计师的精湛手艺。"对我来说，这是关于上帝存在的最有力的论据。

但是，我们理解世界的基础是科学，科学必须基于可检验、可再现、可证伪的事物，这是底线。在文学批评中，随着时间的推进，事情变得越来越复杂，分析者总是不断提出詹姆斯·乔伊斯（James Joyce）的话。在物理学的发展中，随着时间的推进，一切变得越来越简单，直到一切归于少数方程式的结果。我觉得这很了不起，但科学家通常不愿承认科学领域之外的东西。

例如，假设我们要反驳独角兽的存在。我们搜寻了地球的大部分表面，未见独角兽，但这不能否定某日可能在未被发现的岛屿或洞穴中见到独角兽。因此，不能否定独角兽存在的可能性。这意味着从现在开始至一百年后，人们仍将辩论上帝的存在和宇宙的意义。因为这些概念是不可检验的，所以无法确定，它们不在普通科学领域之内。

同样，即使我们在外太空的所有旅行中从未遇到过上帝，但不能否定上帝在我们未曾探索过的地区有机会存在。

因此，我是一个不可知论者。我们刚刚触及了宇宙的表面，此时对整个宇宙的本质做出远超人类仪器能力范围的声明未免有点自以为是。

人们必须面对托马斯·阿奎那的证明，必须有原动力。换句话说，一切源自哪里？即使宇宙是根据万能理论开始的，万能理论又源自哪里？

万能理论之所以存在，是因为它是唯一在数学上自洽的理论。所有的其他理论在本质上都存在缺陷或在数学上不自洽。我相信，如果你从另一种理论入手，最终你会证明出2+2=5，即这些理论存在矛盾。

我们记得，搜寻万能理论也有很多障碍。当向某个理论中添加量子修正时，我们发现，该理论通常会由于无穷大的发散性而失效，又或者原始的对称性由于出现奇异性而遭到破坏。我相信，也许只有一种解答能满足这些限制条件。这个判据在所有的可能中确定了万能理论。宇宙无法存在于十五维时空中，因为这样的宇宙将遭受上述致命的缺陷的困扰。[在十维弦理论中，当我们计算量子修正时，它们通常包含（$D-10$）项，D是时空的维度。显然，如果将D设置为10，令人担忧的异常现象会消失。如果将D设置为非10，会发现一个充满矛盾的替代宇宙，违反数学逻辑。同样，当添加膜并使用M-理论进行计算时，你会发现其包含因数（$D-11$）。因此，在弦理论中，只有一个自洽宇宙满足2+2=4，即十维或十一维弦理论。]

现在，这也许能回答爱因斯坦在寻求万能理论时提出的问题：上帝在创造宇宙方面有过选择吗？宇宙是唯一的，还是有多种存在形式？

如果我的想法是正确的，将只有一个方程式可以描述宇宙，因为其他方程式无法在数学上自洽。

因此，宇宙的终极方程是唯一的。这个主方程可能有无数个解，为我们提供了解的概貌，但方程本身是唯一的。

这为另一个问题提供了一些启示：为什么是有些什么，而不是什么都没有？

在量子理论中，没有绝对的"虚无"。我们已经知道，不存在绝对黑度，黑洞实际上是灰色的且必然会被蒸发。同样，在处理量子理论时，我们发现最低能量不是零。例如，绝对零度无法达到，因为处于最低量子能态的原子仍在振动。（同理，根据量子力学，你无法在量子力学意义上达到零能量，因为你仍然具有零点能量，即最低能级的量子振动。零振动状态将违反不确定性原理，因为零能量是不确定性为零的状态，这不被允许。）那么，大爆炸是从哪里来的呢？最有可能的是虚无中的量子涨落。在虚无或纯净的真空中，甚至会泛起泡沫——物质-反物质粒子对不时地从真空中跳出，然后又坍缩回真空中。

霍金将其称为时空泡沫，这种由微小气泡宇宙组成的泡沫不断弹出又不断消失并回到真空中。我们从未见过这种时空泡沫，因为它们比原子还细小。有时，这些气泡中的某个不会消失回到真空中，而是继续扩张直至膨胀并创建一个宇宙。

那么，为什么是有些什么，而不是什么都没有呢？因为我们的宇宙最初起源于虚无中的量子涨落。与无数的其他气泡不同，我们的宇宙从时空泡沫中跳出并继续膨胀。

方宇程宙 宇宙有没有起点

万能理论会告诉我们生命的意义吗？几年前，我看到了一张奇怪的海报。我承认它忠实地表述了超引力方程的所有细节，充分体现了它们的数学魅力。但是，方程式的每一项都附有箭头，上面写着"和平""宁静""团结""爱"……

换句话说，生命的意义被嵌入到万能理论的方程式中。

我个人的观点是，物理学方程中纯数学的某一项不可能等同于爱或幸福。

然而，我相信，万能理论可能对宇宙的意义有一定的启示。小时候，我接受的是长老会的教育，但我的父母是佛教徒。事实上，两种伟大的宗教对"造物主"有着截然相反的观点。在基督教教堂里，上帝在某一瞬间创造了世界。大爆炸理论的奠基人之一，天主教神学家和物理学家乔治·勒梅特（Georges Lemaître）认为，爱因斯坦的理论与《创世纪》兼容。

然而，佛教中没有上帝，宇宙没有开始或结束，只有永恒的涅槃。

那么，如何解决这两个截然相反的观点？宇宙要么有一个起点，要么没有，没有回旋的余地。

实际上，多元宇宙理论提供了观察这种矛盾的一种全新的视角。

也许，我们的宇宙确实有一个起点，有如《圣经》中的描述。但根据膨胀理论，大爆炸也许一直在发生，形成了宇宙的泡泡浴。也许，这些宇宙正在一个更大的舞台（超空间的涅槃）膨胀开来。因此，我们的宇宙有一个起点，它是一个三维气泡，漂浮在一个巨大的十一维涅槃时空中，其他宇宙也不断在其中产生。

因此，多元宇宙的思想使人们可以将基督教的创世神话与佛教的涅槃结合起来，成为与已知物理定律兼容的单一理论。

方宇 一个有限的宇宙的意义
程宙

最后，我相信，我们会在宇宙中找到属于自己的意义。

生命的意义在于我们必须努力去理解和欣赏一些东西。如果将它直接交给我们，不劳而获会破坏理解生活的意义这个目标。如果可以不付出任何代价就能获知生命的意义，那它本身也将失去意义。一切有意义的事物都是奋斗和牺牲的结果，也是值得为之而奋斗的目标。

宇宙最终会死亡，从某种程度上说，物理学可为宇宙死亡提供论据。

尽管人们对宇宙的意义和目的进行了许多学术上的讨论，但也许都是徒劳，因为宇宙注定要死在一场"大冷冻"中。根据热力学第二定律，封闭系统中的所有物体最终必然解体。事物的自然顺序如此，最终不复存在。似乎不可避免的是，所有事物都必定随着宇宙本身的死亡而死亡。因此，当宇宙本身死亡时，我们赋予宇宙的任何意义都将被抹去。

不过，也许量子理论与相对论的结合再次提供了一个例外。我们说过，热力学第二定律判定一个封闭系统中的宇宙最终注定灭亡，关键词是封闭。在一个开放的宇宙中，能量可以从外部进入，因此可以逆转第二定律。

例如，空调似乎违反了第二定律，因为它吸收了混乱的热空气并将其冷却。但是，空调从外部的泵中获取能量，因此不是封闭系统。同样，地球上的生命似乎也违反了第二定律，因为仅需9个月就能将汉堡包和炸薯条转化成生命，这确实是一个奇迹。

那么，地球为什么会有生命？因为我们有外部能源——太阳。地球不是一个封闭系统，因此阳光可以使我们从中汲取能量，从而创造出喂养婴儿所需的食物。因此，热力学第二定律有一个例外，阳光使得向更高形式的进化成为可能。

同理，我们可以利用虫洞打开通往另一个宇宙的大门。我们的宇宙似乎是封闭的。但有一天，也许宇宙即将灭亡，我们的后代也许能利用先进的设备输送足够的正能量，以打开一条穿越时空的隧道，然后使用负能量（来自卡西米尔效应）稳定通道。有一天，我们的后代将掌握普朗克能量，即能使空间和时间变得不稳定的能量，并利用其强大的技术让我们逃离垂死的宇宙。

这样，量子引力不再是十一维时空中的数学练习，而变成了跨维度的宇宙救生艇，使智能生命能够规避热力学第二定律并逃逸到更温暖的宇宙中。

因此，万能理论不仅是一种美丽的数学理论，还可能是人类实现终极自救的唯一途径。

宇宙方程 结论

对万能理论的探索使我们开始寻找宇宙最根本的对称性、统一万物的对称性。从夏日微风的温暖到落日的余晖，我们在周围看到的对称性只是时间之初出现的原始对称性的一部分。在大爆炸的瞬间，超力的原始对称性被打破，而今日我们在大自然中能看到的都是原始对称性的残余。

我喜欢设想，也许，我们就像是生活在神话般的二维国平地上的二维人，无法将第三维形象化，我们将第三维视为一种迷信。初期，由于某种原因，曾有一个美丽的三维晶体变得不稳定并破碎成一百万块，落在二维国的平地上。几个世纪以来，二维人一直试图将这些碎片重新组装，就像拼图游戏。随着时间推移，他们终于将碎片拼成了两个大块：

一块称为引力，一块称为量子理论。不过，无论如何努力，二维人总是无法将这两部分拼在一起。突然，有一天，一个有进取心的二维人提出了一个离谱的猜想。他说，"为什么不使用数学将其中一块提升到虚拟的第三维，一块叠加在另一块的上面，以便于它们可以相互组合？"他的话引起了其他二维人哄堂大笑。然而，当这个操作完成后，二维人惊讶了，它们以完美、辉煌的对称性突然呈现在他们眼前。

就像史蒂芬·霍金所写，"某日，如果我们发现了完整的理论，应该及时地让每个人从广义上去理解它，而不是局限在少数科学家的世界。这样，我们所有人（哲学家、科学家、普通大众）都能参加讨论，讨论我们和宇宙为什么存在。如果我们找到了答案，那将是人类智慧的终极胜利，因为那时的我们将真正了解上帝的心意和想法。"

注释

万能理论

[1]"其他许多人尝试过，都失败了"：过去，许多物理学家曾试图创建自己的统一场论，但都以失败而告终。回顾历史，我们看到统一场论必须满足三个标准：

1.它必须包含爱因斯坦广义相对论的一切。
2.它必须包含亚原子粒子标准模型的一切。
3.它必须给出有限结果。

量子理论的奠基人之一，欧文·薛定谔提出过统一场论的建议，事实上爱因斯坦早年曾研究过这一理论。它之所以失败，是因为它不能在简化时正确地解释爱因斯坦的理论，也无法解释麦克斯韦的方程式（它没有电子或原子的任何描述）。

沃尔夫冈·泡利和维尔纳·海森堡也提出过一个包含费米子物质场的统一场论，但它不能重整化，不能包含在几十年后出现的夸克模型。

爱因斯坦本人也曾研究了一系列与之相关的理论，但都失败了。他在将麦克斯韦的理论纳入自己的理论时，试图将引力的度量张量和克氏符号推广以便包括反对称张量。最终，他的努力失败了。仅扩大爱因斯坦原始理论中场的数目不足以解释麦克斯韦方程，且这种方法不触及任何物质场。

多年来，科学家多次将物质场简单地添加到爱因斯坦方程，力图证明它们在单环量子水平上会发散。人们已使用计算机计算引力子在单环量子能级上的散射，并已证明最终结果会出现无穷大。截至目前，消除最低单环级别上的这些无穷大的唯一已知方法是——纳入超对称性。

早在1919年，西奥多·卡鲁扎（Theodor Kaluza）就提出过一个激进的想法，在五维空间中表达爱因斯坦方程。值得注意的是，当人们将一维卷曲成一个小圆圈时，发现了能耦合麦克斯韦场的爱因斯坦引力场。爱因斯坦曾研究过这种方法，但由于没人知道怎样将一维折叠，最终放弃了。最近，这种方法已被纳入弦理论中，该方法将十个维度坍缩为四个维度并在此过程中生成了杨-米尔斯场。因此，在统一场论所采用的诸多方法中，幸存下来的唯一路径只有广义卡鲁扎高维方法——拓广为包括超对称性、超弦、超膜的卡鲁扎高维方法。

最近，出现了一种理论——环圈量子引力。它以一种新的方式研究了爱因斯坦最初的四维理论。但是，它是纯引力理论，不包含任何电子或亚原子粒子，因此不能作为统一场论。它没有提及标准模型，因为其中没有物质场。此外，尚不清楚这种形式主义理论中多环的散射是否真是有限的。有科学家推测，两个环圈之间的碰撞会产生发散的结果。

1 统一——古老的梦想

［1］"所以牛顿的方程保持了这种对称性"：因为牛顿的原理是以纯粹的几何方式写成，所以牛顿意识到了对称性的力量。事实上，他直观地利用了对称性的力量计算行星的运动。然而，由于他没有使用微积分的解析形式，故会涉及像 X^2+Y^2 这样的符号，手稿未用坐标 X 和 Y 解析地表示对称性。

2 爱因斯坦对统一的追求

［1］"这是勾股定理的三维版本"：为了更明确一些，我们取 $Z=0$，球体在 X 和 Y 平面上缩小为一个圆。我们看到，当你绕这个圆移动时，$X^2+Y^2=R^2$。现在，我们逐渐放大参数 Z，圆开始变小。R 保持不变，但小

圆的方程变为 $X^2+Y^2+Z^2=R^2$，Z 固定。现在，如果我们让 Z 发生变化，将看到球面上的任何点都有由 X、Y 和 Z 给出的坐标，因此三维勾股定理成立。总之，球面上的点都能通过三维勾股定理描述——R 保持不变，X、Y 和 Z 随着球体移动而变化。爱因斯坦的伟大洞察力是将其推广到四个维度，第四维度是时间。

［2］"请注意，时间坐标还有一个负号……处理方式略有不同"：尽管狭义相对论具有四维对称性，但与其他空间维度相比，时间以额外的负号进入。这意味着时间确实是第四维，但属于特殊类型。同时，这还意味着你不能在时间上轻易地前进或后退（否则，时间旅行将司空见惯）。由于这个额外的负号，一个人很容易在空间中来回走动，但在时间上却不容易（我们在某些单位中将光速设置为1，以明确时间进入狭义相对论作为第四维）。

3　量子的崛起

［1］"随着量子理论的成功……战利品"：即使今天，薛定谔猫问题也没有普遍接受的解答。大多数物理学家只是将量子力学当作一本总是能给出正确答案的"食谱"，忽略了其中微妙而深刻的哲学含义。大多数有关量子力学的研究生课程（包括我所教授的课程）都提到薛定谔猫问题，但提供的通常是两种流行方法的变体：其一，承认观察者的意识必须是测量过程的一部分，这种方法有多种变体，取决于你如何定义"意识"；其二，承认越来越流行的多元宇宙理论，宇宙分裂成两半：一半包含活猫，一半包含死猫。然而，在这两个宇宙之间来回切换，几乎不可能，因为它们已经相互"脱节"，不再同步振动，不能相互交流。就像两个无线电台不能互动一样，我们已经与所有其他平行宇宙脱节了。奇异的量子宇宙可能与我们共存，但与它们交流几乎不可能。我们可能需要等待比宇宙寿命更长的时间才能进入这些平行宇宙。

4 几乎万能的理论

[1]"他们意识到……—致的方程":混合了三个夸克的数学对称性称为SU（3），即3级李群。因此，根据对称性SU（3）重新排列三个夸克，强核力的最终方程必然保持不变。将电子和中微子在弱核力中混合的对称性称为SU（2），即2级李群。[通常，如果我们从 n 个费米子出发，写出具有SU（n）对称性的理论非常简单。] 来自麦克斯韦理论的对称性称为U（1）。因此，将三个理论结合起来，我们发现标准模型具有SU（3）×SU（2）×U（1）对称性。

尽管标准模型符合亚原子物理学的所有实验数据，但该理论似乎是人为的，因为它的基础是将三个力机械地拼凑在一起。

[2]"其次，标准模型是通过手工将……创建的":为了将爱因斯坦方程的简单与标准方程的复杂作对比，我们注意到，爱因斯坦理论可以用下面这个简短的方程来概括：

$$G_{\mu\nu} \equiv R_{\mu\nu} - \frac{1}{2}Rg_{\mu\nu} = \frac{8\pi G}{c^4}T_{\mu\nu}$$

相比，即便是高度缩写的标准模型，其方程也要占大半页纸，方程详细描写了各种夸克、电子、中微子、胶子、杨-米尔斯粒子以及希格斯粒子，具体如下：

$$
\begin{aligned}
\mathcal{L} = &-\frac{1}{2}\mathrm{Tr}G_{\mu\nu}G^{\mu\nu} - \frac{1}{2}\mathrm{Tr}W_{\mu\nu}W^{\mu\nu} - \frac{1}{4}F_{\mu\nu}F^{\mu\nu} \\
&+ (D_\mu\phi)^\dagger D^\mu\phi + \mu^2\phi^\dagger\phi - \frac{1}{2}\lambda\left(\phi^\dagger\phi\right)^2 \\
&+ \sum_{f=1}^{3}(\bar{\ell}_L^f i\slashed{D}\ell_L^f + \bar{\ell}_R^f i\slashed{D}\ell_R^f + \bar{q}_L^f i\slashed{D}q_L^f + \bar{d}_R^f i\slashed{D}d_R^f + \bar{u}_R^f i\slashed{D}u_R^f) \\
&- \sum_{f=1}^{3}y_\ell^f(\bar{\ell}_L^f\phi\ell_R^f + \bar{\ell}_R^f\phi^\dagger\ell_L^f) \\
&- \sum_{f,g=1}^{3}\left(y_d^{fg}\bar{q}_L^f\phi d_R^g + (y_d^{fg})^*\bar{d}_R^f\phi^\dagger q_L^f + y_u^{fg}\bar{q}_L^f\tilde{\phi}u_R^g + (y_u^{fg})^*\bar{u}_R^g\tilde{\phi}^\dagger q_L^f\right)
\end{aligned}
$$

值得注意的是，我们知道，宇宙的所有物理定律原则上都可以从这一页纸的方程中推导出来。但问题在于，爱因斯坦的相对论和标准模型这两种理论基于完全不同的数学、不同的假设、不同的领域。我们的终极目标是，将这两组方程合并为一个单一的、有限的统一方程式。关键的观察法是，任何声称是万能理论的理论都必须包含这两组方程且必须是有限的。到目前为止，在所有提出的理论中，只有弦理论能做到这一点。

6　弦理论的崛起、希望和问题

[1]"我和同事吉川圭二……弦场理论"：我和吉川圭二博士被称为"弦场理论"的弦理论分支的共同奠基人，这使我们能用场的语言总结整个弦理论，结果是仅一英寸长的一个简单的方程式：

$$L = \Phi^\dagger (i\delta_\tau - H)\Phi + \Phi^\dagger * \Phi * \Phi$$

尽管这使我们能够以紧凑的形式表达所有弦理论，但这并不是该理论的最终表达。我们将看到，有五种不同类型的弦理论，每种都需要一个弦场理论。但是，如果我们转到十一维时空，则所有的五个理论都将汇聚为一个方程式。该方程式由被称为M-理论的东西描述，M-理论包括各种膜和弦。今天，由于膜很难进行数学处理（尤其是在十一维时空中），因此没有人能够以单个场论方程式表达M-理论。实际上，这是弦理论的主要目标之一：找到可以从中提取物理结果的弦理论的最终公式化表达。换句话说，目前的弦理论可能还不是其最终形式。

[2]"在1995年提出M-理论后不久……惊人的发现"：更确切地说，马尔达西纳发现的对偶，是四维时空中$N=4$的超对称杨-米尔斯理论与在十维时空中弦理论之间的对偶。这个对偶性非常重要，因为它显示了在四维时空中杨-米尔斯粒子的规范场理论与在十维时空中十维弦理论之间的等价关系。这种对偶表明，在四维时空的强相互作用中发现的规范场理论与值得注意的十维弦理论之间有着深刻的联系。

果壳书斋　　科学可以这样看丛书（39本）

门外汉都能读懂的世界科学名著。在学者的陪同下，作一次奇妙的科学之旅。他们的见解可将我们的想象力推向极限！

1	平行宇宙（新版）	〔美〕加来道雄	43.80元
2	超空间	〔美〕加来道雄	59.80元
3	物理学的未来	〔美〕加来道雄	53.80元
4	心灵的未来	〔美〕加来道雄	48.80元
5	超弦论	〔美〕加来道雄	39.80元
6	宇宙方程	〔美〕加来道雄	49.80元
7	量子时代	〔英〕布莱恩·克莱格	45.80元
8	十大物理学家	〔英〕布莱恩·克莱格	39.80元
9	构造时间机器	〔英〕布莱恩·克莱格	39.80元
10	科学大浩劫	〔英〕布莱恩·克莱格	45.00元
11	超感官	〔英〕布莱恩·克莱格	45.00元
12	宇宙相对论	〔英〕布莱恩·克莱格	56.00元
13	量子宇宙	〔英〕布莱恩·考克斯等	32.80元
14	生物中心主义	〔美〕罗伯特·兰札等	32.80元
15	终极理论（第二版）	〔加〕马克·麦卡琴	57.80元
16	遗传的革命	〔英〕内莎·凯里	39.80元
17	垃圾DNA	〔英〕内莎·凯里	39.80元
18	量子理论	〔英〕曼吉特·库马尔	55.80元
19	达尔文的黑匣子	〔美〕迈克尔·J.贝希	42.80元
20	行走零度（修订版）	〔美〕切特·雷莫	32.80元
21	领悟我们的宇宙（彩版）	〔美〕斯泰茵·帕伦等	168.00元
22	达尔文的疑问	〔美〕斯蒂芬·迈耶	59.80元
23	物种之神	〔南非〕迈克尔·特林格	59.80元
24	失落的非洲寺庙（彩版）	〔南非〕迈克尔·特林格	88.00元
25	抑癌基因	〔英〕休·阿姆斯特朗	39.80元
26	暴力解剖	〔英〕阿德里安·雷恩	68.80元
27	奇异宇宙与时间现实	〔美〕李·斯莫林等	59.80元
28	机器消灭秘密	〔美〕安迪·格林伯格	49.80元
29	量子创造力	〔美〕阿米特·哥斯瓦米	39.80元
30	宇宙探索	〔美〕尼尔·德格拉斯·泰森	45.00元
31	不确定的边缘	〔英〕迈克尔·布鲁克斯	42.80元
32	自由基	〔英〕迈克尔·布鲁克斯	42.80元
33	未来科技的13个密码	〔英〕迈克尔·布鲁克斯	45.80元
34	阿尔茨海默症有救了	〔美〕玛丽·T.纽波特	65.80元
35	血液礼赞	〔英〕罗丝·乔治	预估49.80元
36	语言、认知和人体本性	〔美〕史蒂芬·平克	预估88.80元
37	修改基因	〔英〕内莎·凯里	预估42.80元
38	麦克斯韦妖	〔英〕布莱恩·克莱格	预估42.80元
39	生命新构件	贾乙	预估42.80元

欢迎加入平行宇宙读者群·果壳书斋QQ:484863244

邮购:重庆出版社天猫旗舰店、渝书坊微商城。

各地书店、网上书店有售。

扫描二维码
可直接购买

加来道雄以他标志性的热情书写了这段史诗般的迷人旅程，《宇宙方程》。

继1930年量子论战后，科学界掀起了最大分歧，弦理论论战：

引力方程：统一天体运动和地面运动；

波动方程：统一电和磁；

质能方程（相对论）：统一时间和空间、质量和能量；

标准方程（标准模型）：统一电磁力、弱力、强力；

宇宙方程（弦理论）：统一引力、电磁力、弱力、强力；统一相对论与量子论，定义万能理论。

加来道雄博士，美籍日裔人，纽约城市大学理论物理学教授，理论物理学家，弦理论的奠基人之一，畅销科普书作者，代表作有《超弦论》《超空间》《平行宇宙》《物理学的未来》《心灵的未来》《人类的未来》。

伍义生，译者，中科院副研究员，荷兰代尔夫特理工大学、澳大利亚悉尼大学访问学者，中科院翻译协会理事，主要译著有《超弦论》《超空间》《平行宇宙》《量子宇宙》等。

陈允明，译者，中科院力学所研究员，博士生导师，曾任研究室主任、《力学学报》常务编委，主要译著有《软件项目管理》《技术与文明》等。